影视模型制作

高等院校艺术学门类
"十四五"规划教材

□ 主　编　张　炜
□ 副主编　闫郡虎　熊　伟　詹仲恺　姚鹏飞　金映雪
□ 参　编　吴姝葭　居华倩　张　黛　袁上杰　刘昱娇

A R T　D E S I G N

华中科技大学出版社
http://www.hustp.com
中国·武汉

内 容 简 介

本书主要从影视模型案例制作出发,着重分析讲解建模对象的结构构成,从而确定建模的方法与步骤。本书讲述的模型制作原理与方法,不受软件版本限制。

本书实用性强,通俗易懂,既可作为普通高等院校相关专业的教材,也可作为 CG 爱好者和社会培训机构的辅导用书。

图书在版编目(CIP)数据

影视模型制作/张炜主编. —武汉:华中科技大学出版社,2021.3
ISBN 978-7-5680-6893-2

Ⅰ.①影… Ⅱ.①张… Ⅲ.①三维动画软件-教材 Ⅳ.①TP391.414

中国版本图书馆 CIP 数据核字(2021)第 039680 号

影视模型制作   张　炜　主编
Yingshi Moxing Zhizuo

策划编辑:彭中军
责任编辑:史永霞
封面设计:优　优
责任监印:朱　玢
出版发行:华中科技大学出版社(中国·武汉)　　　电话:(027)81321913
　　　　　武汉市东湖新技术开发区华工科技园　　　邮编:430223
录　　排:武汉创易图文工作室
印　　刷:湖北新华印务有限公司
开　　本:880 mm×1230 mm　1/16
印　　张:7.5
字　　数:243 千字
版　　次:2021 年 3 月第 1 版第 1 次印刷
定　　价:49.00 元

本书通过具有典型性的案例讲解了三维软件 Maya 中的模型制作方法和技术表现手段。案例讲解内容丰富、方法科学,符合当下影视 CG 行业的制作标准。

全书共分 4 章。第 1 章通过户外背包的模型案例讲解,介绍了从对参考图的分析和总结入手,结合自己的设计,综合运用 Maya 软件中多边形建模和曲面建模的功能和命令,完成模型的制作。第 2 章详细讲解了硬表面建模插件 HardMesh 的使用方法,并完成手雷模型的制作。第 3 章通过常用的制作技巧并结合动画板块的命令,完成了火焰枪的模型案例制作。第 4 章以威利斯吉普车的模型制作为案例,使用各种建模的方法和技巧,进行综合讲解,并通过对 ModIt 建模脚本插件的辅助运用,提高了制作的效率和模型整体细节表现。

本书在编写时,虽有心做到完美,但难免会有错漏之处,欢迎广大读者批评指正。

编　者
2020 年 8 月

目录
Contents

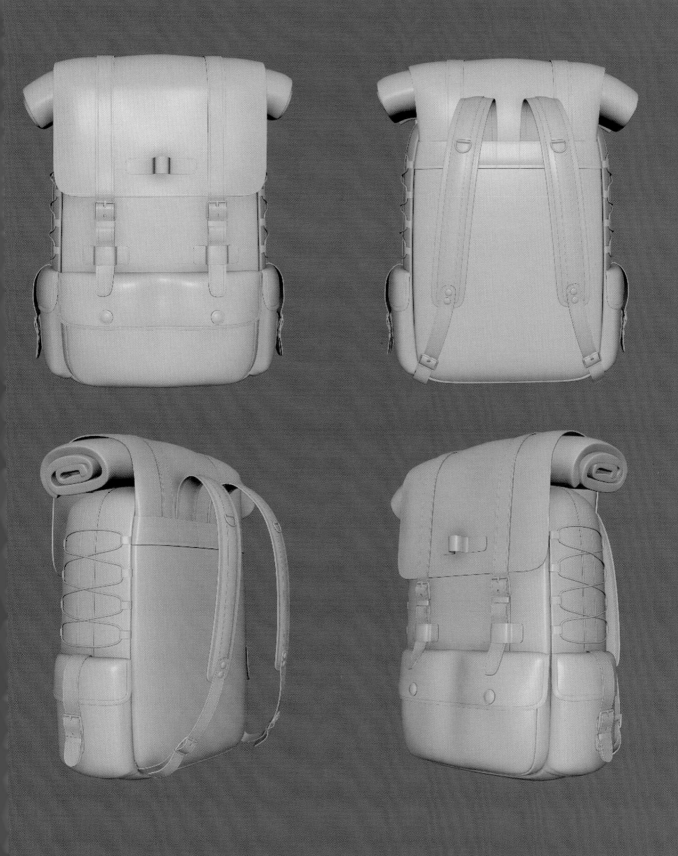

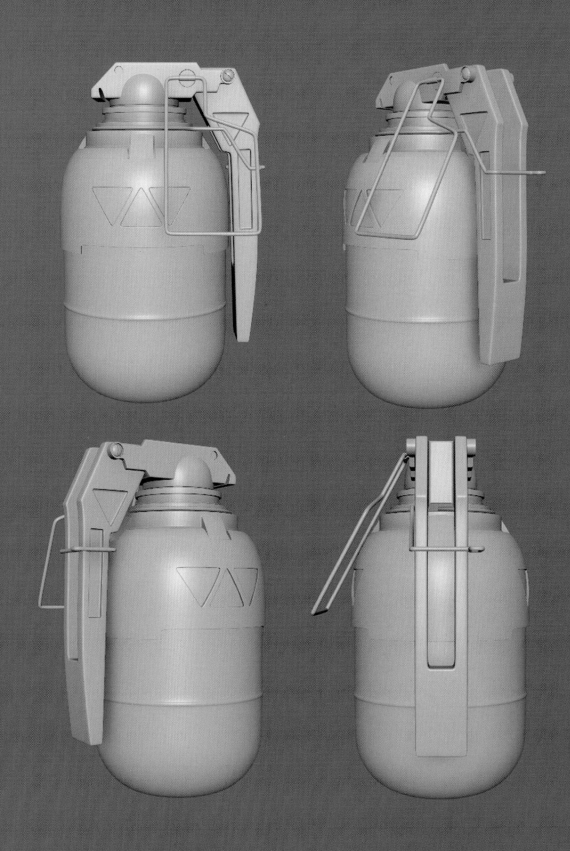

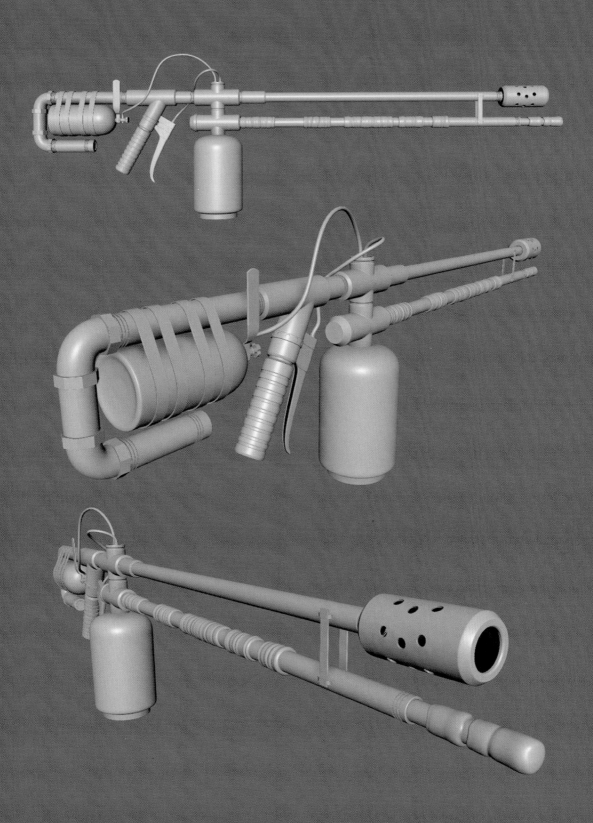

Yingshi Moxing Zhizuo

第 1 章
户外背包模型案例

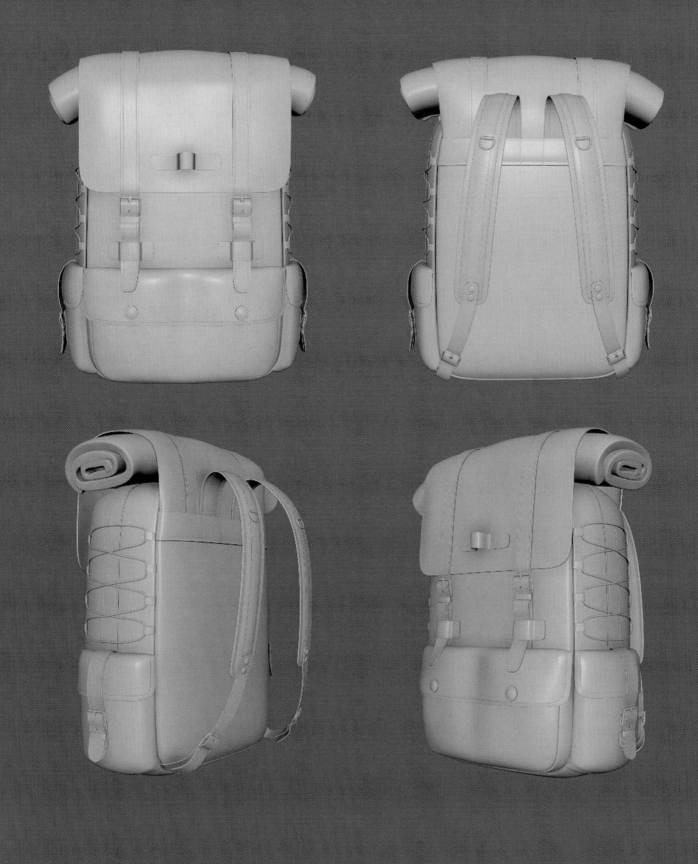

1.1
素材收集与造型分析

在本章中,我们将制作一个多功能的户外背包模型。在开始建模之前,必须先搜集参考资料并对造型进行分析。没有参考资料,想要精确地表现自己要创造的事物是非常困难的。所以,尽可能多地搜集各种角度、各种相似造型的实物图片,是非常必要的。背包参考图如图 1-1 所示。

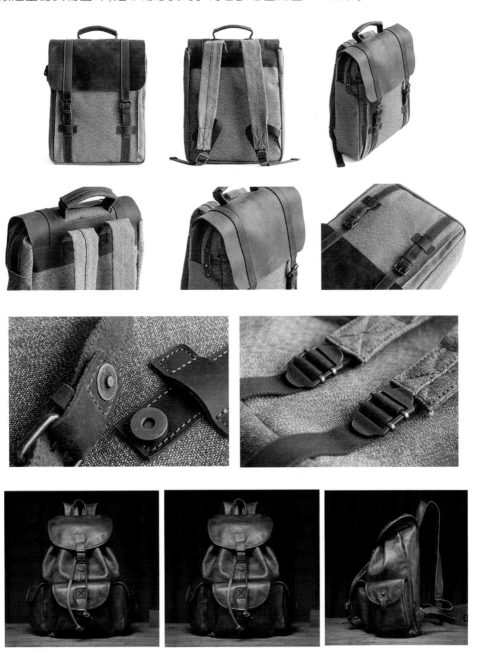

图 1-1

在本案例中，我们将参考搜集的背包造型图中的相关元素进行二次设计，制作出具有自我风格的"户外背包"模型。

1.2
主体模型制作

我们先从背包的主体开始制作，按键盘上的"F2"键，将 Maya 的菜单模式设置为"Modeling"模型板块。执行"Create—Polygon Primitives—Cube"命令，创建一个立方体。然后选中模型，在界面右侧的通道盒中修改它的属性：设置"Subdivisions Width"为 2，"Subdivisions Height"为 3，"Subdivisions Depth"为 3，如图 1-2 所示。

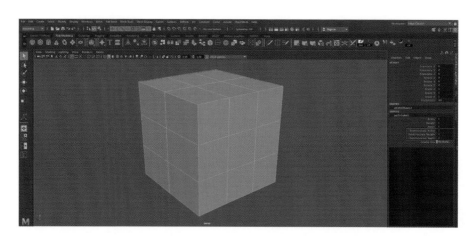

图 1-2

使用工具栏中的缩放工具，调整模型的基础造型比例，如图 1-3 所示。

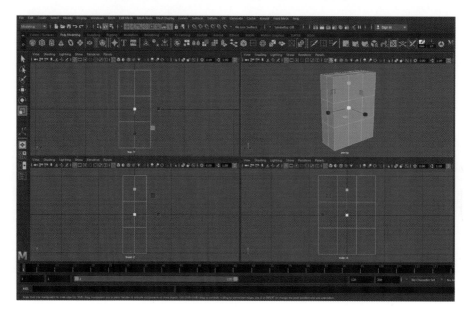

图 1-3

选中模型,执行"Mesh—Smooth"命令,对模型进行 1 级细分,增加其分段数,如图 1-4 所示。

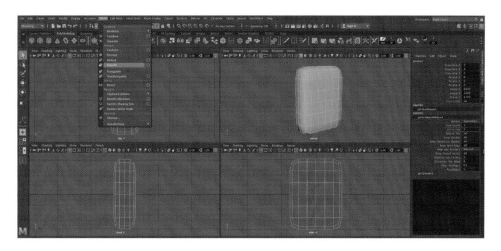

图 1-4

　根据背包主体的造型关系,在模型上单击鼠标右键,切换到"Face"模式,选择模型一侧的面,通过多次执行"Extrude"命令,塑造模型结构,如图 1-5 所示。

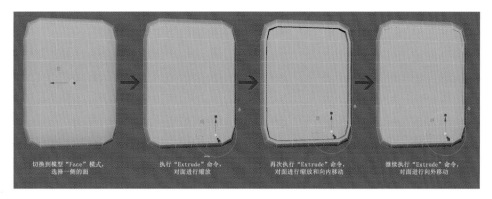

图 1-5

按"F8"键进入子物体编辑模式,通过调整模型的点、线、面空间位置,得到最终的模型,如图 1-6 所示。

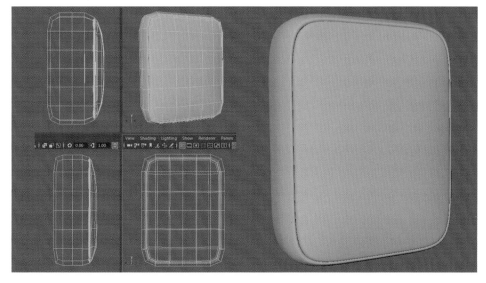

图 1-6

由于背包主体造型结构左右两边是一样的,为了提高制作效率,可以使用镜像复制的方法。在模型上单击鼠标右键,选择"Face"模式,框选模型一侧的面并按键盘上的"Delete"键,如图1-7所示。

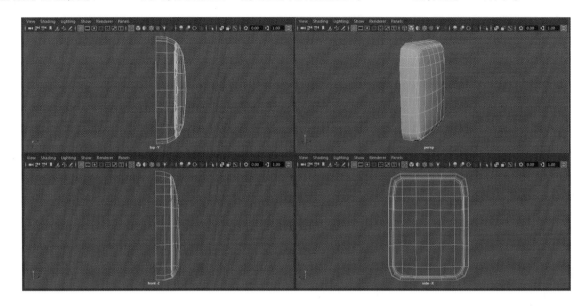

图 1-7

选中模型,单击"Mesh—Mirror"命令右边的"□",打开其属性面板,如图1-8所示。

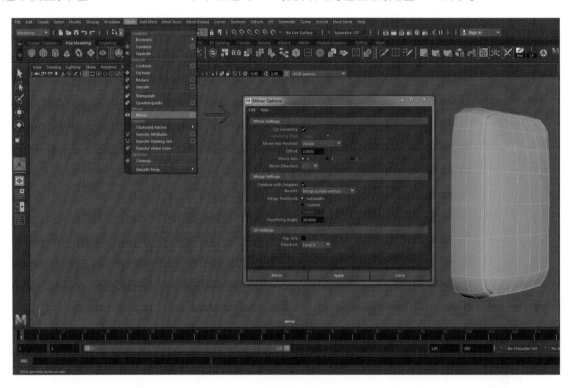

图 1-8

在"Mirror Options"镜像属性面板中,选择模型的镜像轴向,并单击面板下方的"Mirror"按钮,完成模型的镜像复制,如图1-9所示。

背包的主体造型完成后,就来制作其他的造型结构。在模型上单击鼠标右键,选择"Face"模式,选取模型上的一圈面,如图1-10所示。

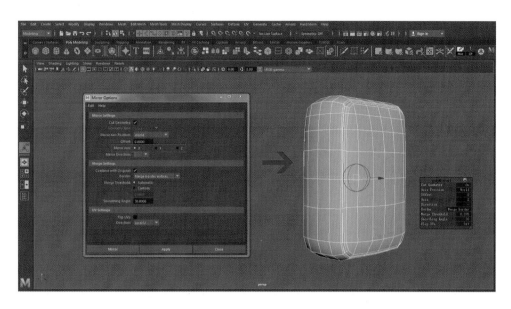

图 1-9

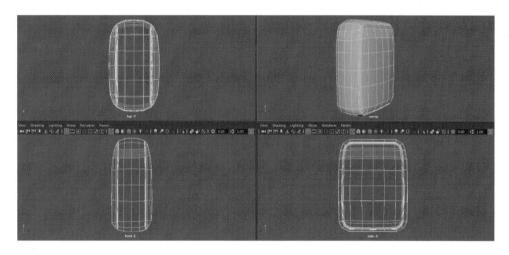

图 1-10

执行"Edit Mesh—Duplicate"命令,并调整"Local Translate Z"的数值,使复制出的模型和原模型产生一定的间距,为后面制作其厚度做准备,如图 1-11 所示。

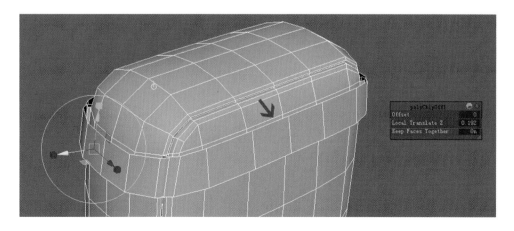

图 1-11

由于复制得到的面在材质颜色上和原模型是一样的,都是灰色,这会使我们的观察和操作非常不方便。接下来我们给复制出来的面单独指定一个材质,并调整其颜色。选中刚才复制的面,单击鼠标右键,执行"Assign Favorite Material—Lambert"命令。然后按键盘上的"Ctrl＋A",打开其材质属性,调整材质属性面板中的"Color"通道颜色,如图 1-12 所示。

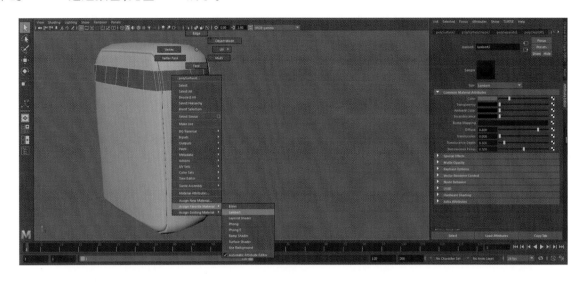

图 1-12

接下来制作模型的厚度。选中模型,执行"Edit Mesh—Extrude"命令,并调整"Local Translate Z"的数值,挤压出模型的厚度,如图 1-13 所示。

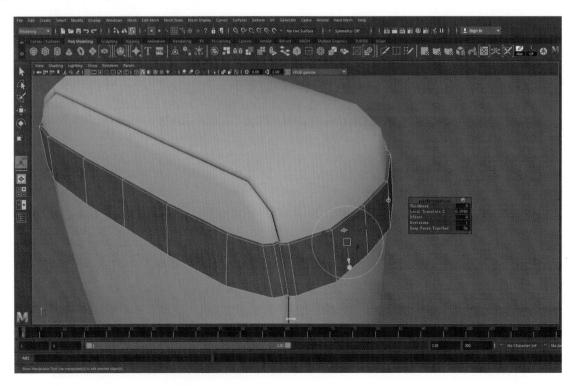

图 1-13

在模型上单击鼠标右键,选择"Face"模式,删除多余的面。执行"Mesh Tools—Insert Edge Loop"命令,在相应的位置添加结构线,把模型的造型结构确定下来,如图 1-14 所示。

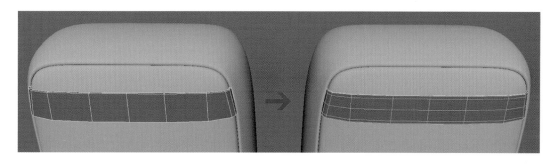

图 1-14

当图 1-14 中的模型结构制作好后,我们就可以开始制作背包的搭袋造型。执行"Create—Polygon Primitives—Plane"命令,创建一个平面。然后选中模型,在界面右侧的通道盒中修改它的属性:设置"Subdivisions Width"为 8,"Subdivisions Height"为 8,如图 1-15 所示。

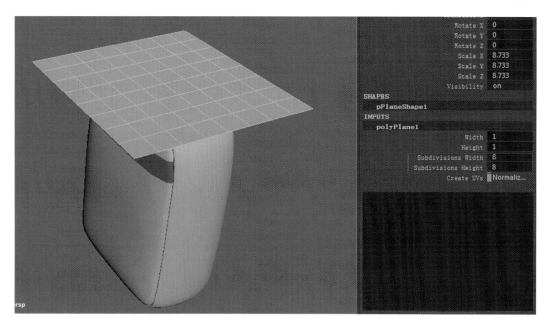

图 1-15

选中模型,单击键盘上的"F8"键,进入模型的编辑状态。根据背包的主体结构造型,调整搭袋的造型结构,制作好的造型,如图 1-16 所示。

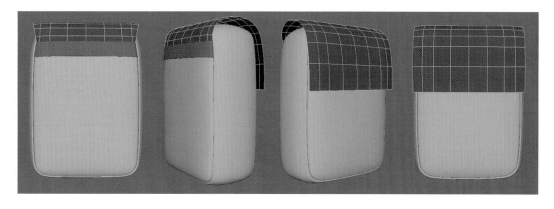

图 1-16

为了方便后面制作搭袋的厚度以及满足对造型的需求,我们通常需要对模型的布线走向进行调整。执行"Mesh Tools—Multi—Cut"命令,在模型上切割出一条边线,如图 1-17 所示。

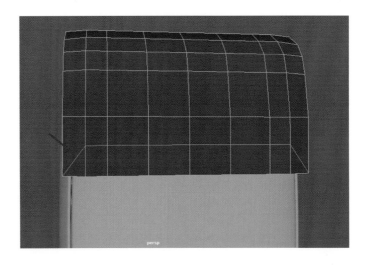

图 1-17

此时,模型上会出现两个三角面,这不利于后续的造型和卡线。我们只需要在模型上单击鼠标右键,选择"Edge"模式,选中需要删除的边线,按"Ctrl+Delete"键,即可完成线段的清理,如图 1-18 所示。

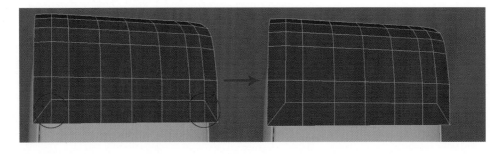

图 1-18

接下来制作睡袋造型。将视图切换到背包的侧面,执行"Create—CV Curve Tool"命令,创建如图 1-19 所示的曲线。

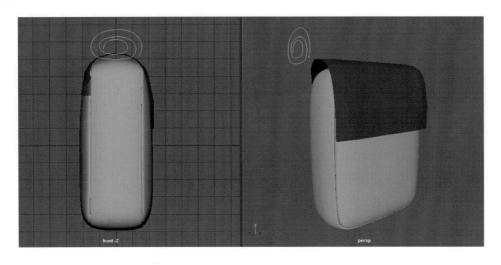

图 1-19

选中创建的曲线,按"Ctrl+D"键复制一个并使用移动工具将其移到另外一边,如图1-20所示。

选中两根曲线,执行"Surfaces—Loft"命令,放样出曲面造型,如图1-21所示。

 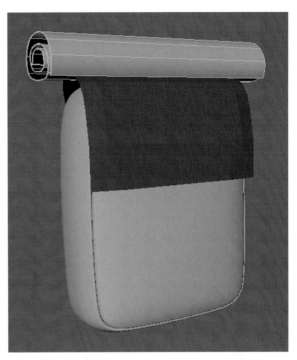

图 1-20   图 1-21

此时得到的造型结构是曲面模型,我们可以通过执行"Modify—Convert—NURBS to Polygons"命令,把曲面模型转换成多边形模型,属性设置如图1-22所示。

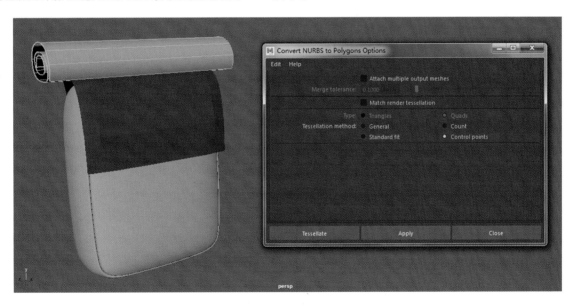

图 1-22

选中转换完成的多边形模型,执行"Edit Mesh—Extrude"命令,挤压出模型的厚度。然后执行"Mesh Tools—Insert Edge Loop"命令,在相应的位置添加结构线并调整造型,最终效果如图1-23所示。

由于多边形的表面看起来不像曲面模型那么圆滑,特别是分段数很少的多边形更是如此。因此,很多

模型在完成结构的塑造后,要执行"Mesh—Smooth"命令对模型进行圆滑处理。为了更加直观和高效地检查模型圆滑后的效果,通常按键盘上的数字"3",进行多边形模型的圆滑预览。

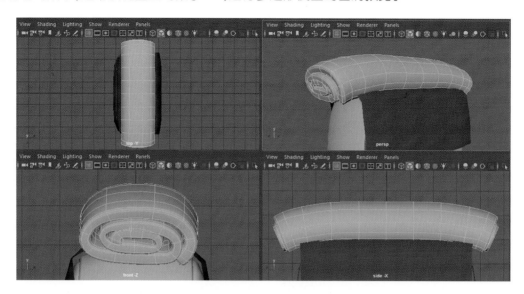

图 1-23

调整搭袋模型的比例造型,使之与睡垫模型相匹配,最终效果如图 1-24 所示。

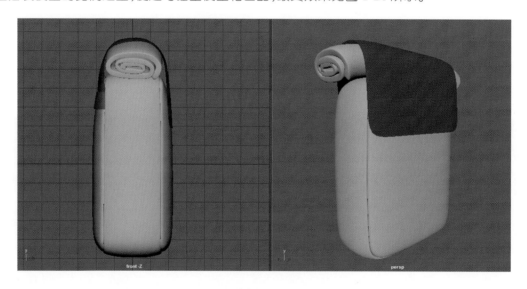

图 1-24

1.3

配件模型制作

下面制作背包正面的口袋造型。选中背包主体模型,单击鼠标右键,选择"Face"模式,选择部分面,如图 1-25 所示。

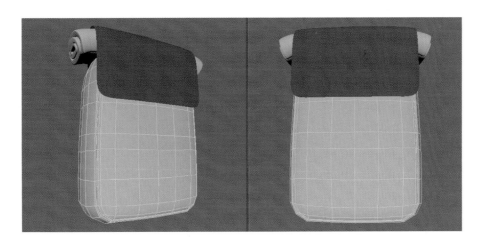

图 1-25

　　执行"Edit Mesh—Duplicate"命令，对复制的面进行造型结构上的调整，并赋予新的材质球和调整颜色，效果如图 1-26 所示。

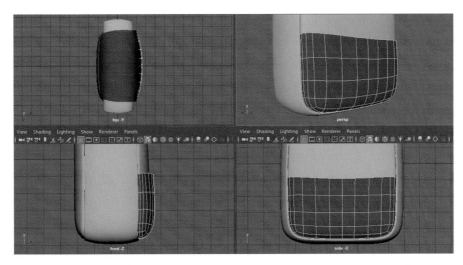

图 1-26

　　选中刚才制作的模型，单击鼠标右键，选择"Face"模式，选择如图 1-27 所示的部分面。

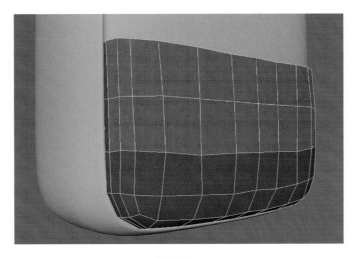

图 1-27

执行"Edit Mesh—Duplicate"命令,并调整"Local Translate Z"的数值,使复制出的模型和原模型产生一定的间距,如图1-28所示。

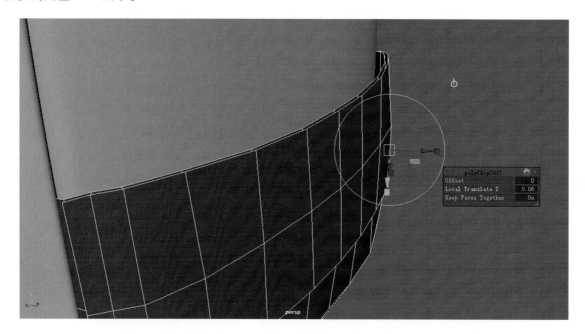

图 1-28

选择复制的模型,单击鼠标右键,选择"Edge"模式,选择如图1-29所示的边线。

图 1-29

多次执行"Edit Mesh—Extrude"命令,塑造出造型,如图1-30所示。

执行"Mesh Tools—Multi—Cut"命令,在模型上切割出一条边线,之后选中多余的线段,按"Ctrl+Delete"键,进行清理,如图1-31所示。

执行"Mesh Tools—Insert Edge Loop"命令,在模型上添加一圈循环边线,如图1-32所示。

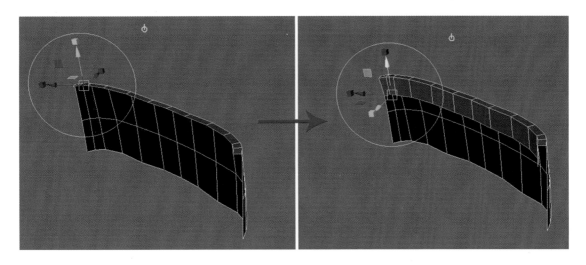

图 1-30

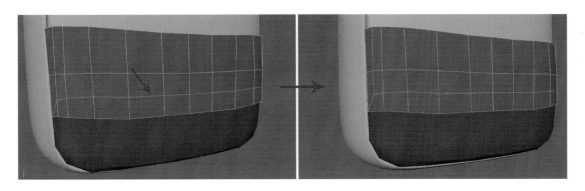

图 1-31

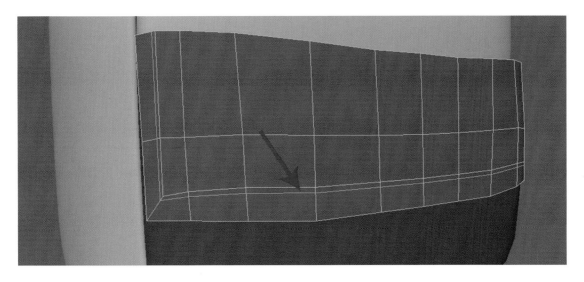

图 1-32

　　在模型上单击鼠标右键,选择"Face"模式,选中一圈面,执行"Edit Mesh—Extrude"命令,塑造出凹槽的造型,如图 1-33 所示。

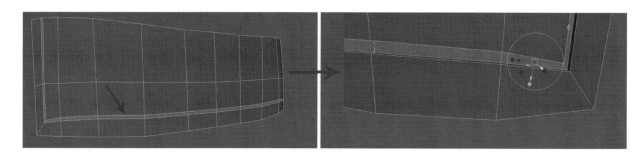

图 1-33

接下来制作模型的厚度。选中模型边缘轮廓的一圈线段,多次执行"Edit Mesh—Extrude"命令,如图 1-34 所示。

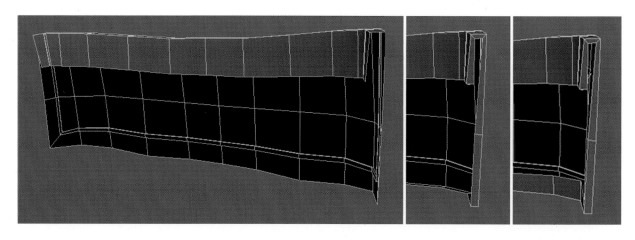

图 1-34

执行"Mesh Tools—Insert Edge Loop"命令,在模型边缘结构转折处卡线,并通过造型上的调整,制作出正面口袋最终的效果,如图 1-35 所示。

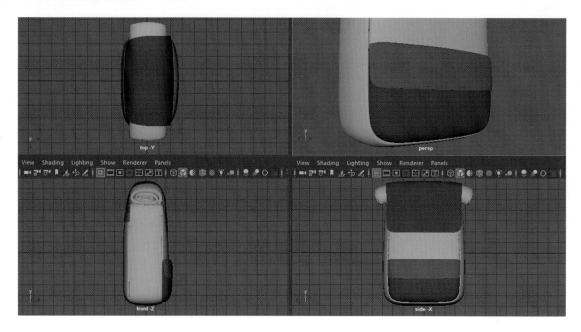

图 1-35

背包两侧的口袋在制作方法上和正面的口袋是一样的,这里就不再具体讲述,最终做好的效果,如图 1-36 所示。

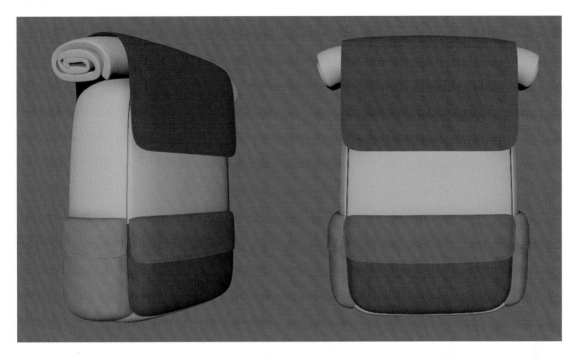

图 1-36

下面制作背包上的锁扣配件。执行"Create—Polygon Primitives—Plane"命令,创建一个平面。然后选中模型,在界面右侧的通道盒中修改它的属性:设置"Subdivisions Width"为 10,"Subdivisions Height"为 1,如图 1-37 所示。

图 1-37

使用缩放工具调整宽度,并通过编辑状态下的控制点调整长度和其他细节,完成锁扣基础造型的塑造,如图 1-38 所示。

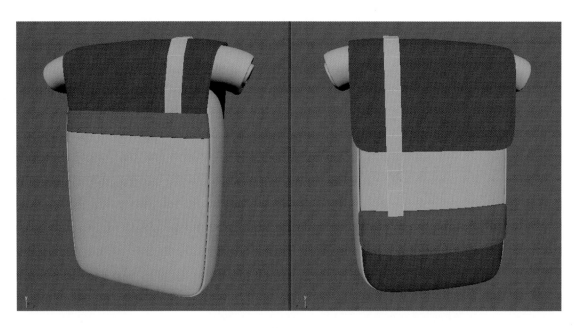

图 1-38

执行"Mesh Tools—Insert Edge Loop"命令,在模型上的相应位置添加线段,如图 1-39 所示。

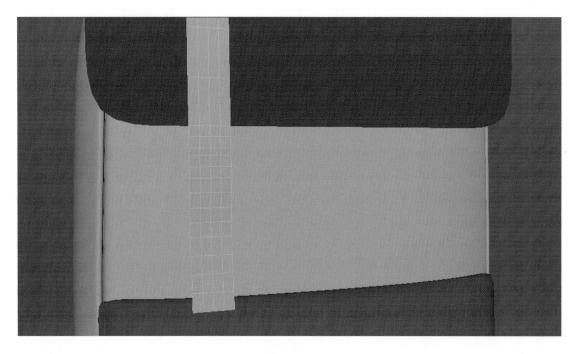

图 1-39

执行"Mesh Tools—Multi—Cut"命令,在刚才加线的位置进行线段的切割,为制作扣眼做准备,如图 1-40 所示。

在模型上单击鼠标右键,选择"Vertex"模式,调整模型上的控制点,使扣眼处的几何形为八边形。然后单击鼠标右键,选择"Face"模式,删除中间的八边形,如图 1-41 所示。

执行"Mesh Tools—Insert Edge Loop"命令,在模型两侧和底部插入循环边线,然后执行"Mesh Tools—Multi—Cut"命令,添加两根线段,如图 1-42 所示。

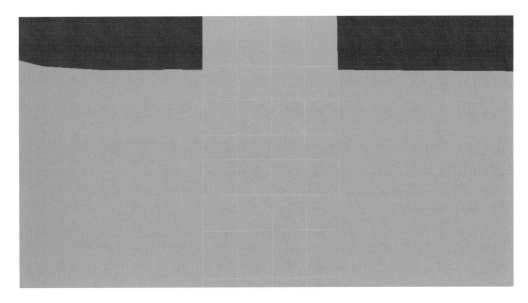

图 1-40　线段切割

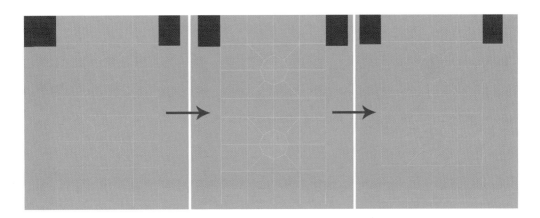

图 1-41

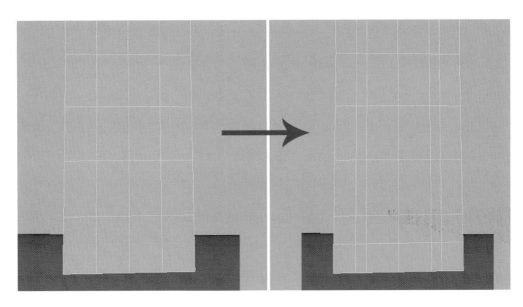

图 1-42

在模型上单击鼠标右键,选择"Edge"模式,选中需要删除的线段,按"Ctrl+Delete"键,如图1-43所示。

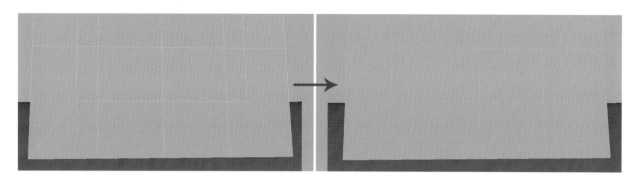

图 1-43

接下来制作模型上的凹槽。执行"Mesh Tools—Insert Edge Loop"命令,在相应位置添加两根循环线,然后点击鼠标右键,选择"Face"模式,选中两根循环线中间的面,使用"Edit Mesh—Extrude"命令,向下挤压出凹槽造型,如图1-44所示。

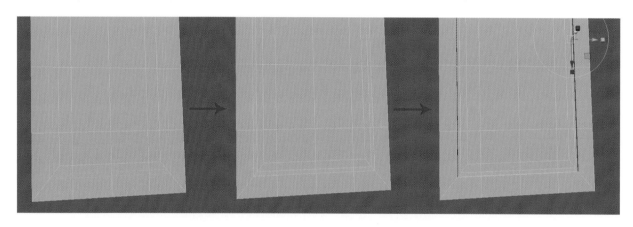

图 1-44

选中模型,执行"Edit Mesh—Extrude"命令,挤压出模型的厚度,如图1-45所示。

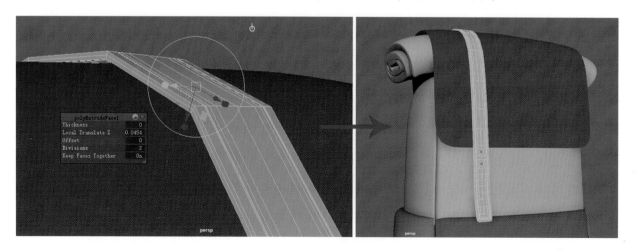

图 1-45

接下来制作锁扣其余的相关配件模型。在制作前我们需要认真分析模型的造型结构及其相互间的穿插关系,如图1-46所示。

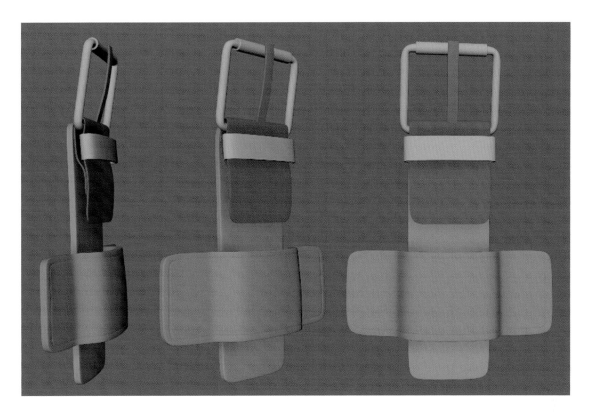

图 1-46

执行"Create—Polygon Primitives—Plane"命令,创建一个面片。在界面右侧的通道盒中修改它的属性:设置"Subdivisions Width"为 6,"Subdivisions Height"为 4,如图 1-47 所示。然后通过缩放工具,调整其长宽比例。

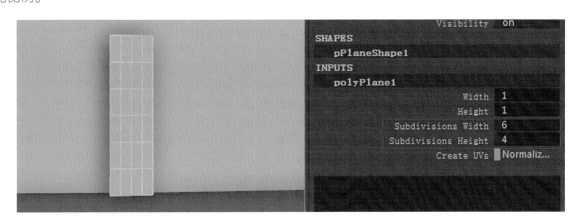

图 1-47

在模型上单击鼠标右键,选择"Edge"模式,选中外轮廓线,然后执行"Edit Mesh—Extrude"命令,挤压出一圈面,如图 1-48 所示。

进入模型编辑状态下的"Vertex"模式,对模型两侧的控制点进行调整,使之处于同一垂直空间,调整完成后,选中模型并执行"Edit Mesh—Extrude"命令,挤压出模型的厚度,然后将其摆放在合适的位置,如图 1-49 所示。

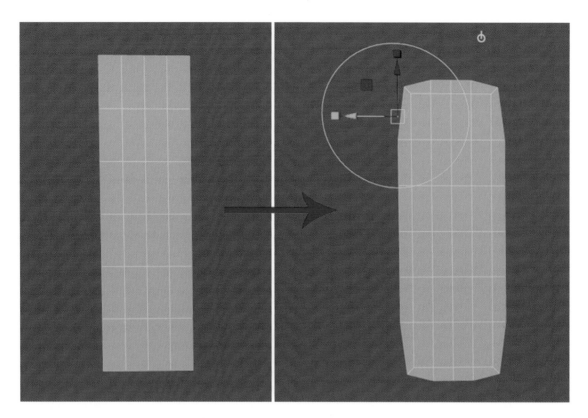

图 1-48

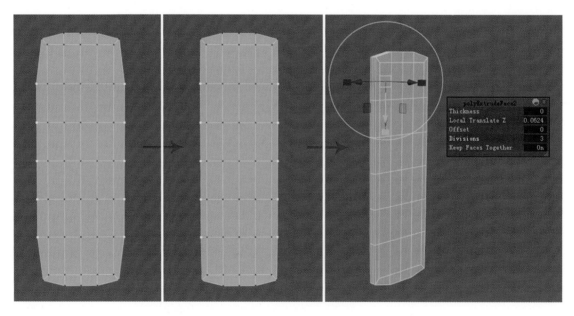

图 1-49

　　选中刚才制作好的模型,按键盘上的"Ctrl＋D"键,复制一个,并通过旋转工具以及模型编辑状态下的"Vertex"模式,调整其造型结构,最终效果如图 1-50 所示。

　　执行"Create—Polygon Primitives—Plane"命令,创建一个面片。通过模型编辑状态下的"Vertex"模式,进行造型上的调整,然后通过"Edit Mesh—Extrude"命令,挤压出模型的厚度,并将模型摆放在合适的位置,如图 1-51 所示。

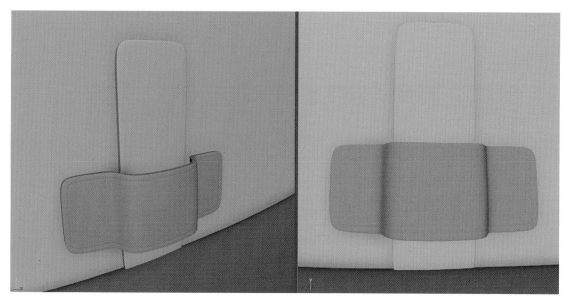

图 1-50

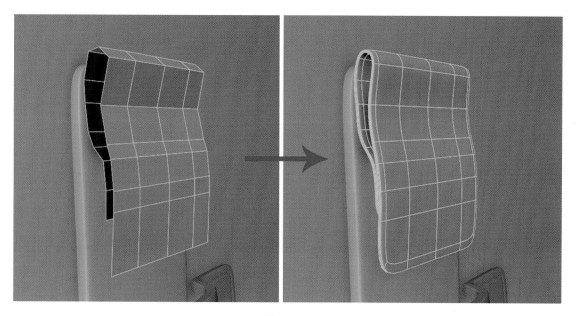

图 1-51

执行"Create—Polygon Primitives—Cylinder"命令,创建一个圆柱体。在界面右侧的通道盒中修改它的属性:设置"Subdivisions Axis"为 10。应用缩放工具将圆柱体纵向压扁,如图 1-52 所示。

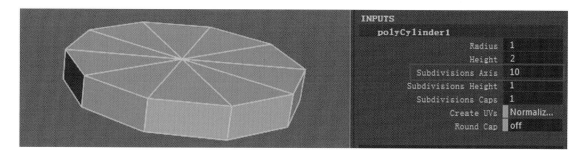

图 1-52

23

在模型上单击鼠标右键,切换到"Face"模式,删除顶面和底面的结构,然后按键盘上的"F8"键进入模型编辑状态,调整其外形。最后执行"Edit Mesh—Extrude"命令,挤压出模型的厚度,并将其摆放在合适的位置,如图1-53所示。

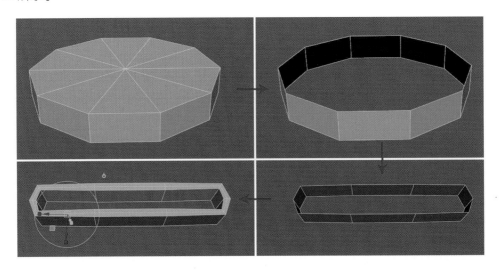

图 1-53

下面制作金属环配件。执行"Create—Polygon Primitives—Torus"命令,创建一个圆环体,在界面右侧的通道盒中修改它的属性:设置"Section Radius"为0.06,"Subdivisions Axis"为8,"Subdivisions Height"为8,如图1-54所示。

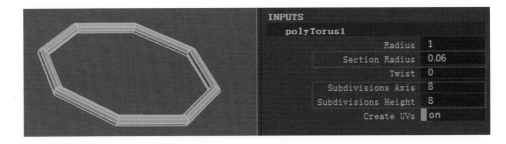

图 1-54

按键盘上的"F8"键进入模型编辑状态,调整其外形,如图1-55所示。

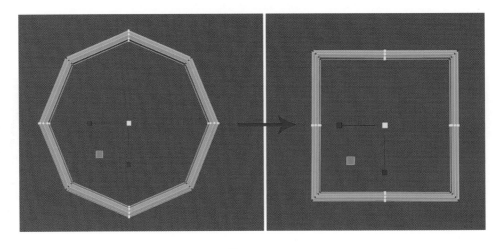

图 1-55

　　在模型编辑状态下的"Edge"模式,选中模型边角的循环边线,执行"Edit Mesh—Bevel"命令,调整其属性参数,如图 1-56 所示。

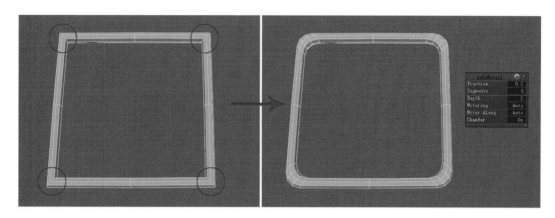

图 1-56

　　执行"Mesh Tools—Insert Edge Loop"命令,在模型上的相应位置添加线段,然后进入模型编辑状态下的"Face"模式,选中需要炸开的面,执行"Edit Mesh—Extract"命令,如图 1-57 所示。

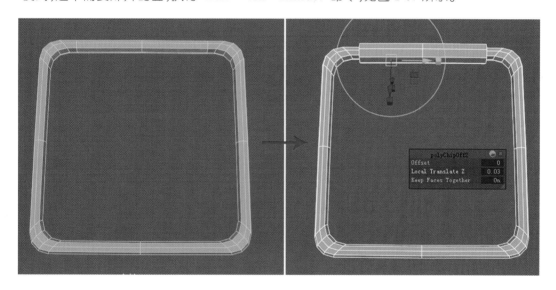

图 1-57

　　按键盘上的"F8"键进入模型编辑状态,选中模型两端的循环边线,执行"Edit Mesh—Extrude"命令,挤压出侧面造型,如图 1-58 所示。

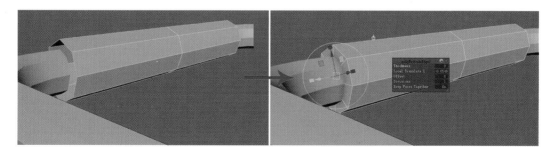

图 1-58

　　我们对制作好的模型进行圆滑处理后会发现,虽然模型结构起伏还在,但是看起来软绵绵的,没有金属那种坚硬的质感。这是因为对多边形模型进行圆滑处理后,原来尖锐的转折处会形成较大弧度的过渡,模型的转折细节损失了。在多边形中要解决这个问题就要对结构进行"卡线",意思是对多边形所有需要有比较严谨的转折的形体部分,通过在结构两侧添加结构线的方式将形体卡住。具体效果如图1-59所示。

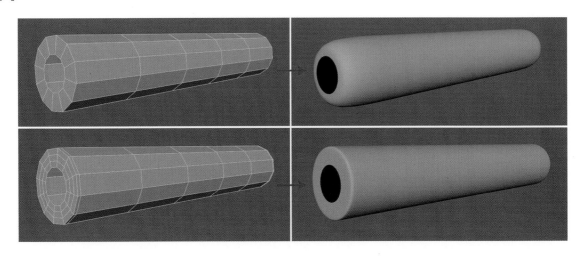

图 1-59

　　接下来制作最后一个金属配件。执行"Create—Polygon Primitives—Cube"命令,创建一个立方体,使用缩放工具调整比例,然后使用插入循环边命令,在相应的位置添加线段并调整其造型,最后将其摆放在合适的位置,如图1-60所示。

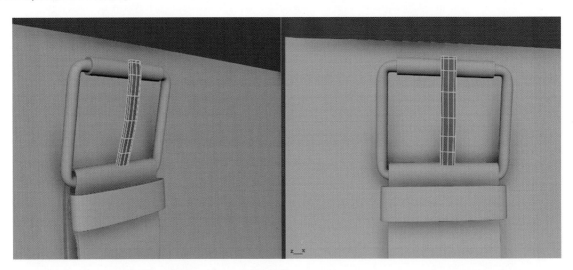

图 1-60

　　当背包锁扣部分的所有配件模型制作完成后,我们整体调整其比例和摆放位置,并按照现实生活中的穿插关系进行调整。背包侧面口袋上的锁扣模型,在制作方法上和背包锁扣是一样的,这里就不再赘述,最终完成效果如图1-61所示。

　　下面我们开始制作背包的背带模型。执行"Create—Polygon Primitives—Plane"命令,创建一个面片并调整分段数,然后按"F8"键进入模型的编辑状态,进行基础造型的调整,效果如图1-62所示。

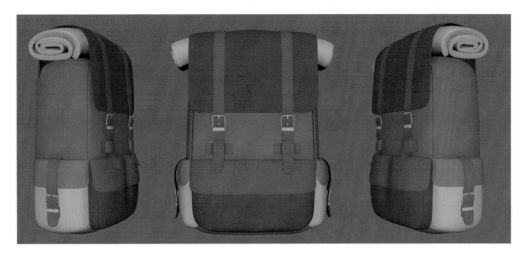

图 1-61

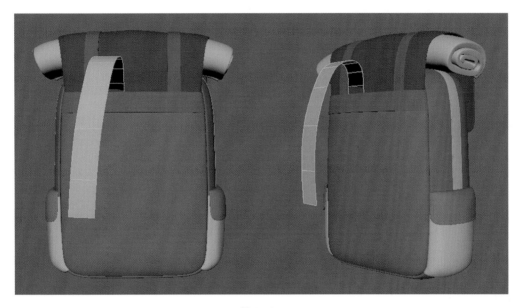

图 1-62

　　使用同样的方法,再次创建面片模型,并对基础造型进行调整。然后把之前制作好的金属配件模型,按"Ctrl＋D"键,复制一个并摆放在背带模型上,如图 1-63 所示。

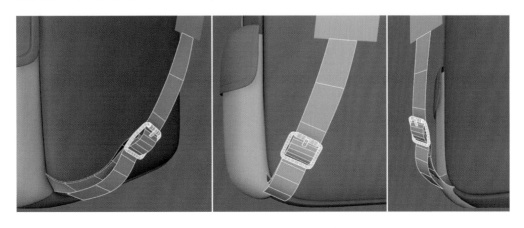

图 1-63

下面制作宽背带的细节造型。执行"Mesh Tools—Insert Edge Loop"命令,在模型上的相应位置添加循环边线,然后执行"Mesh Tools—Multi—Cut"命令,再添加两根线段,最后按"Ctrl＋Delete"键,删除多余的线段,完成循环边线的布线,如图 1-64 所示。

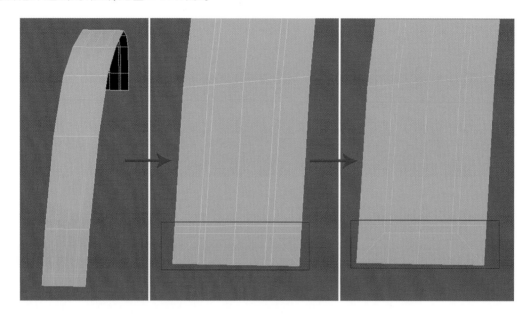

图 1-64

选中图 1-65 所示的面,多次执行"Edit Mesh—Extrude"命令,挤出造型。

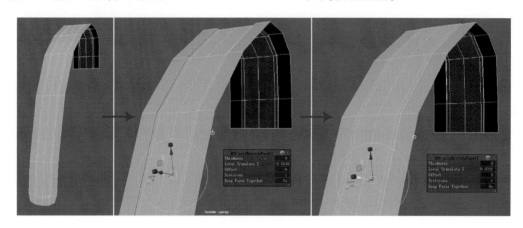

图 1-65

选中模型,执行"Mesh Tools—Insert Edge Loop"命令,在模型上的相应位置添加循环边线,然后选中面,执行"Edit Mesh—Extrude"命令,挤压出凹槽造型,如图 1-66 所示。

图 1-66

选中模型,执行"Edit Mesh—Extrude"命令,挤压出厚度,然后调整外形,最终效果如图 1-67 所示。

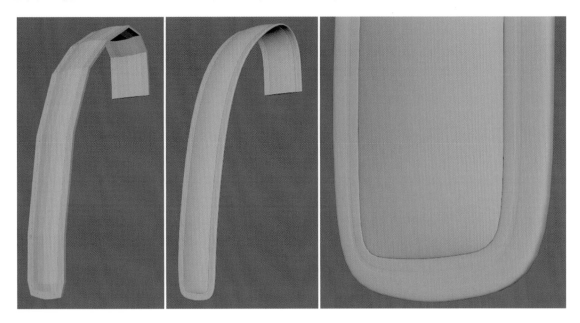

图 1-67

使用同样的制作方法,制作其他背带上的细节造型,最终效果如图 1-68 所示。

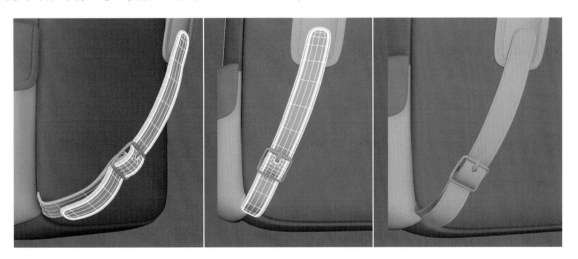

图 1-68

1.4
模型细节制作

下面制作背包模型上的装饰细节。选中背包主体模型,单击鼠标右键,选择"Face"模式,选择图 1-69 所示的面。

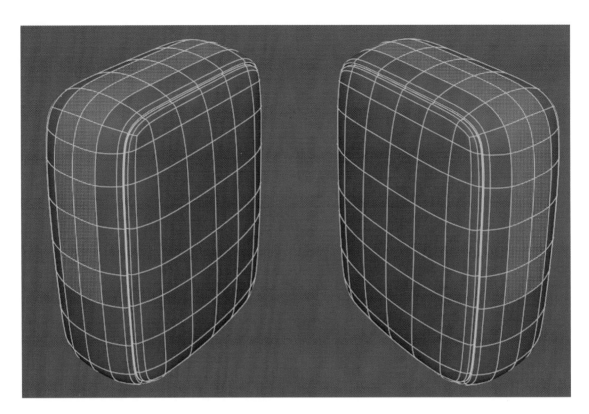

图 1-69

执行"Edit Mesh—Duplicate"命令,然后对复制出的面进行造型上的调整,并使用"Mesh Tools—Insert Edge Loop"命令,在相应的位置插入循环边线,最后执行"Edit Mesh—Extrude"命令,制作出模型上的凹槽以及整体的厚度,最终效果如图 1-70 所示。

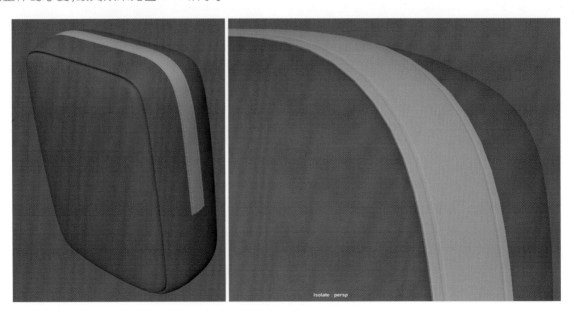

图 1-70

接下来制作背包侧面的网兜模型。执行"Create—Polygon Primitives—Plane"命令,创建一个面片并调整分段数,然后按"F8"键进入模型的编辑状态,进行基础造型上的调整。制作好后,按"Ctrl+D"键复制 3 个模型并调整好位置,效果如图 1-71 所示。

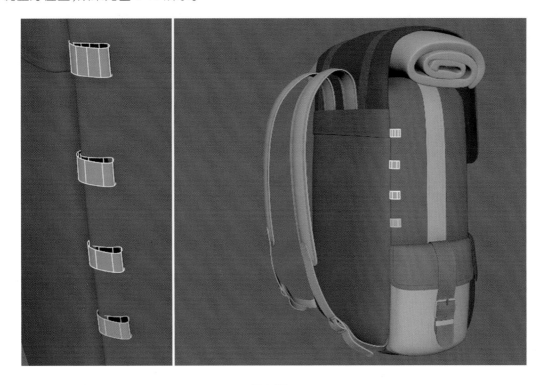

图 1-71

选中模型,执行"Edit Mesh—Extrude"命令,挤压出厚度,并使用插入循环边线命令,在模型转折结构处卡线,最后对制作好的模型进行镜像复制,最终效果如图 1-72 所示。

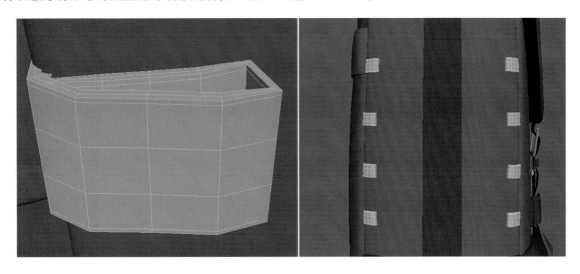

图 1-72

将视图切换到背包的侧面,执行"Create—CV Curve Tool"命令创建出曲线。选中曲线,点击鼠标右键,切换到"Control Vertex",调节控制点使曲线的造型如图 1-73 所示。

执行"Create—NURBS Primitives—Circle"命令创建一根圆环曲线,使用缩放工具调整大小。然后先选择圆环线,再按住"Shift"键加选刚才创建的曲线,执行"Surfaces—Extrude"命令,制作出网兜立体造型,如图 1-74 所示。

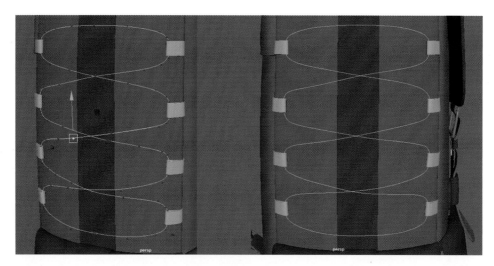

图 1-73

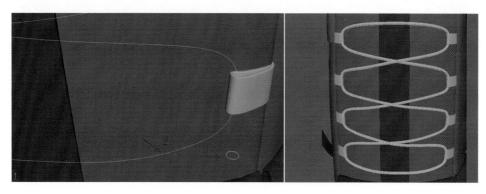

图 1-74

需要注意的是,我们在执行"Surfaces—Extrude"命令前,需要对其属性进行调整,这样才能让模型沿着画好的曲线进行生成,如图 1-75 所示。

图 1-75

　　此时得到的造型结构是曲面模型,我们可以通过执行"Modify—Convert—NURBS to Polygons"命令,把曲面模型转换成多边形模型,属性设置如图 1-76 所示。

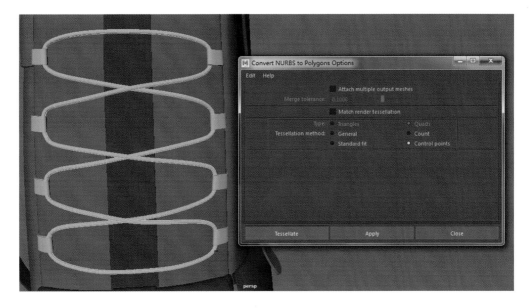

图 1-76

　　接下来制作背包上的金属纽扣模型。执行"Create—Polygon Primitives—Sphere"命令,创建一个球体并调整分段数,使用缩放工具将其压扁并删除一半的面,进入编辑状态以调整其造型,如图 1-77 所示。

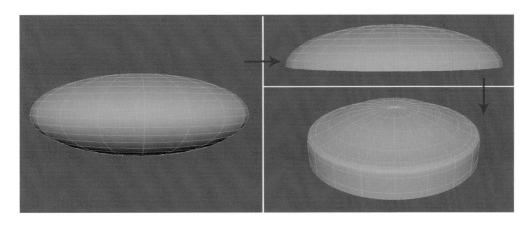

图 1-77

　　选中纽扣模型,按"Ctrl+D"键复制几个并分别摆放到合适的位置,如图 1-78 所示。

图 1-78

将模型的所有组成部件全选,清除所有模型制作的历史记录。应用"Modify—Center Pivot"将模型的坐标轴心置于物体中心。应用"Modify—Freeze Transformations"冻结模型相关参数,使坐标值归零。

将模型的所有组成部件全选,然后按"Ctrl＋G"键,把这些模型建成组。打开 Maya 视图左侧的 Outliner,删除除被选中的 group1 以外的其他内容,如图 1-79 所示。

图 1-79

执行"File—Save Scene As"命令,保存模型,切记文件名勿使用中文命名。模型最终效果如图 1-80 所示。

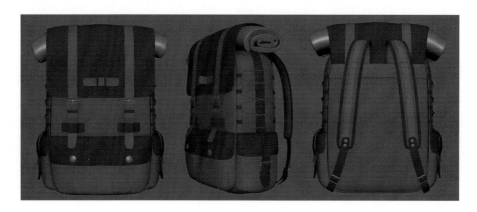

图 1-80

本 章 小 结

○　　　○　　　○　　　○　　　○

本章的户外背包模型案例是在参考图基础上再次设计制作的。整个背包的模型配件非常多,我们需要先制作出主体模型,然后围绕它制作附属的配件模型。在制作中有很多模型配件是可以共用或者在某一造型基础上,通过调整可以很快得到其他造型的,我们要学会就地取材来提高制作效率。在模型细节制作上,我们除了要考虑造型上的刻画外,还需要考虑材质和贴图的制作,只有这样才能让我们对细节的刻画做到有的放矢。

Yingshi Moxing Zhizuo

第 2 章
手雷模型案例

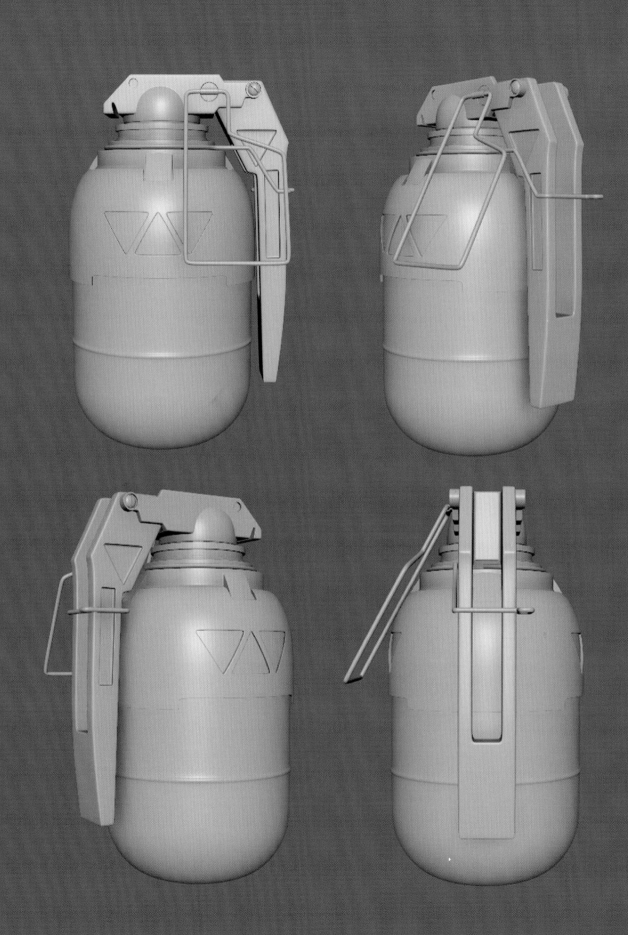

2.1
素材收集与造型分析

在本章中,我们将制作一枚 M65 型号的手雷模型。在本案例中除了常用的建模技巧和制作方法外,我们还将通过 HardMesh 建模插件的使用,来提高制作效率和进行形体细节塑造上的表现。

在开始建模之前,先搜集尽可能多的参考资料,并通过参考图分析各模型配件之间的穿插关系与结构,为后面的制作做好准备。参考图如图 2-1 所示。

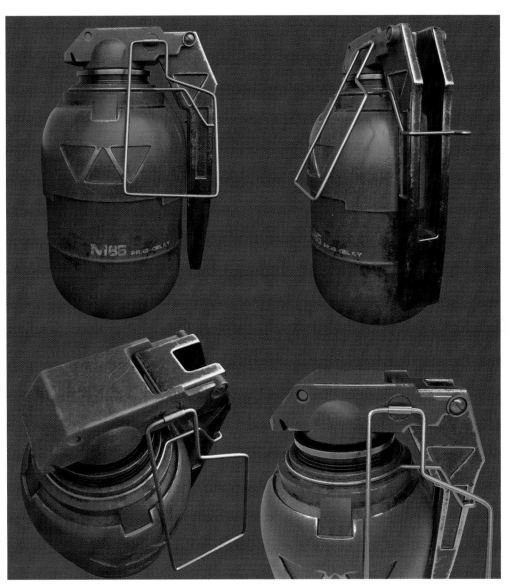

图 2-1

2.2
HardMesh 建模插件介绍

HARD MESH

HardMesh 是 Autodesk Maya 的一款插件,它可以直接使用简单的形状轻松创建复杂的硬表面模型,让制作者在互动和极具创意的工作环境下编辑模型形状,并以前所未有的快速、有趣的方法完成从概念到最终产品的制作。图 2-2 所示是使用 HardMesh 建模插件制作的优秀作品。

Courtesy of Lennard Claussen

Modeling work in progress with Hard Mesh beta 2.0.91

图 2-2

本案例制作使用的是"HardMesh 2.2.1 for Maya 2018"版本,当插件安装完成后,首次使用时,需要通过"Windows—Settings/Preferences—Plug-in Manager"打开插件管理器,勾选"hmTools. mll"后面的"Loaded"和"Auto load",如图 2-3 所示。

图 2-3

当激活插件后,我们可以在 Maya 菜单栏中看到 Hard Mesh 菜单选项,如图 2-4 所示。

图 2-4

在 Hard Mesh 菜单下,有两个选项:一个是"Workflow Window",它是该插件的工作流程窗口,也是该插件最常用的工作窗口,我们可以把它嵌套在 Maya 界面中,如图 2-5 所示;一个是"New Operation",它是执行解算操作的命令,一般不用此选项。

HardMesh 建模插件的工作原理类似于 Maya 菜单中的"Mesh—Booleans"命令,不同的是:Maya 中的布尔运算只是通过两个交错模型体之间的"相加、相减、相交"运算,计算出结果,不会计算出两个交错模型

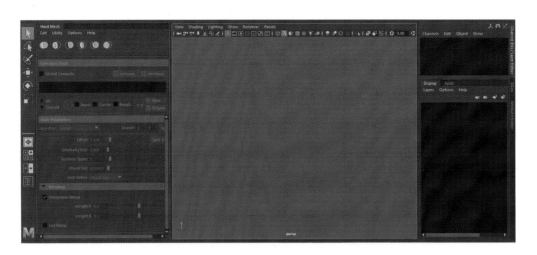

图 2-5

体重合边界的布线以及面融合效果;而 HardMesh 建模插件刚好解决了这个问题,并且它可以实时交互地进行解算,在硬表面建模领域有着非常广泛的运用。两者布尔运算结果对比如图 2-6 所示。

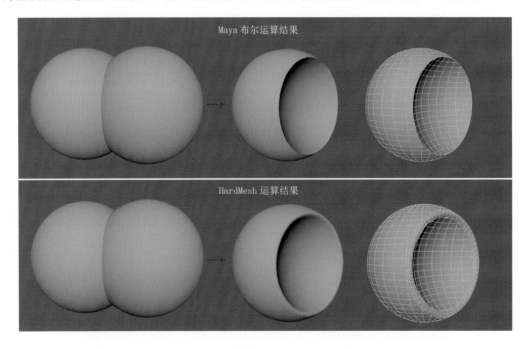

图 2-6

2.3
主体模型制作

执行"Create—Polygon Primitives—Cylinder"命令,创建一个圆柱体,然后选中模型,在界面右侧的通道盒中修改它的属性:设置"Subdivisions Axis"为 20,"Subdivisions Height"为 6,"Subdivisions Caps"为 2,

如图 2-7 所示。

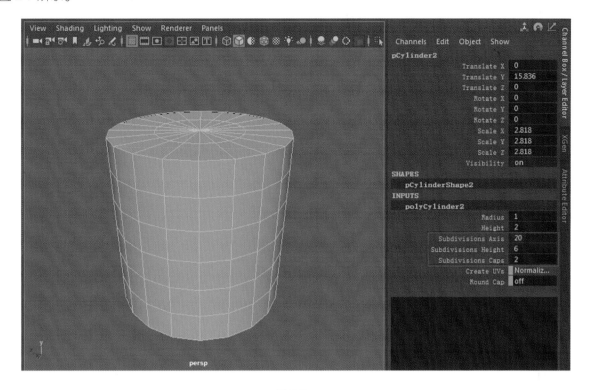

图 2-7

在模型上单击右键,选择"Edge"模式,然后根据主体结构的粗细变化逐一选择循环边线,再使用缩放工具和移动工具调节结构环线的大小。在结构转折较大的位置且环线数量不够时,执行"Mesh Tools—Insert Edge Loop"命令,添加结构线,最终效果如图 2-8 所示。

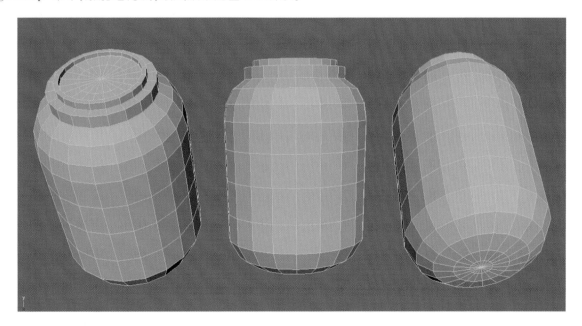

图 2-8

在模型编辑状态下的"Edge"模式,选中图 2-9 所示的循环边线。

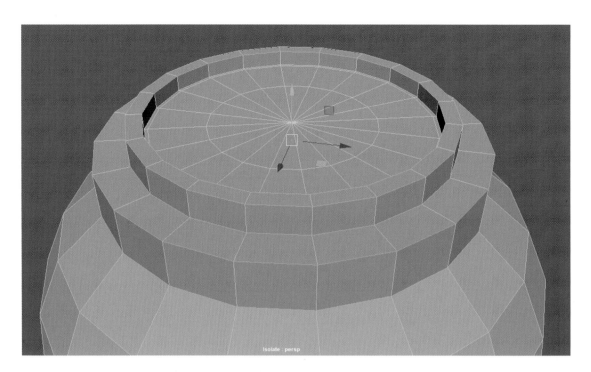

图 2-9

执行"Edit Mesh—Bevel"命令,通过调节倒角属性面板中的相关参数,完成在模型转折处结构线的添加,从而塑造出准确的结构和质感,如图 2-10 所示。除了使用此命令进行卡线外,还可以执行"Mesh Tools—Insert Edge Loop"命令,逐一对需要卡线的位置进行插入循环边线操作。

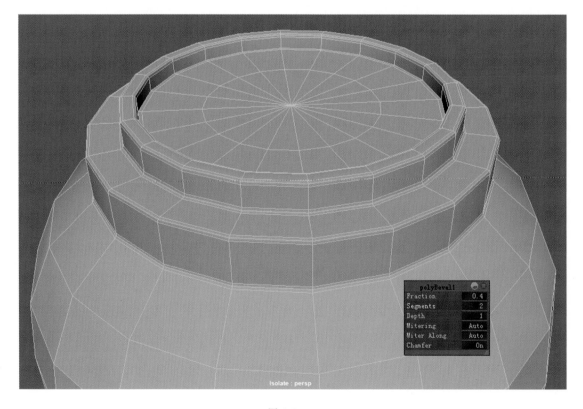

图 2-10

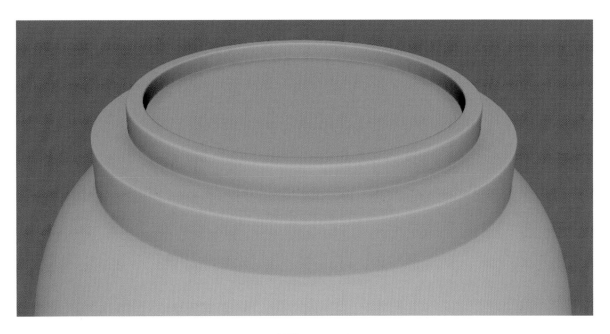

续图 2-10

创建一个圆柱体并调整分段数,然后删除顶部和底部的面,通过缩放工具和移动工具调整其外形结构,最后使用倒角命令,确定转折处的结构和质感,最终效果如图 2-11 所示。

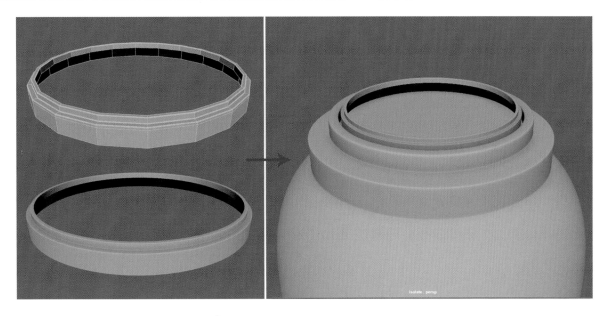

图 2-11

使用同样的步骤与方法,制作出图 2-12 所示的结构造型。

按"F8"进入模型的编辑状态,选中主体模型上的面,然后执行"Edit Mesh—Duplicate"命令并调整"Local Translate Z"数值,使复制出的面与原模型之间产生一定的间距,如图 2-13 所示。

执行"Edit Mesh—Extrude"命令,并调整"Local Translate Z"的数值,挤压出模型的厚度。再使用倒角命令对模型转折处进行卡线,如图 2-14 所示。

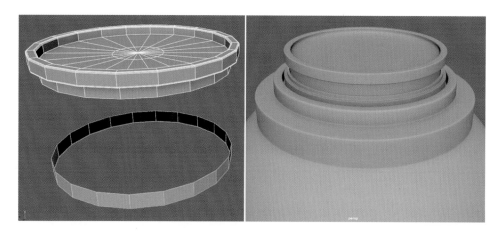

图 2-12

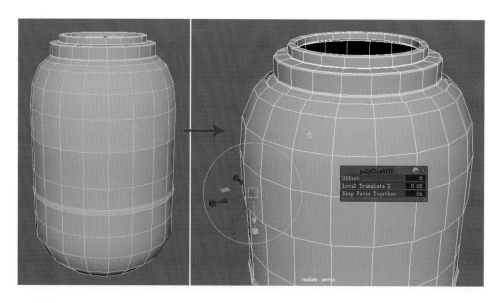

图 2-13

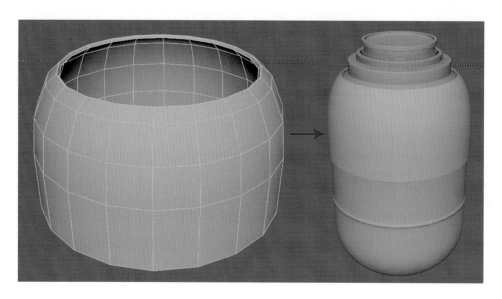

图 2-14

接下来将运用 HardMesh 建模插件制作模型上的细节造型。首先制作出需要进行布尔运算的几何体造型。执行"Create—Polygon Primitives—Cube"命令,创建一个立方体并调整分段数,在编辑状态下调整其外形。然后按"Ctrl+D"进行复制,复制 3 个立方体并将其摆放在图 2-15 所示的位置。

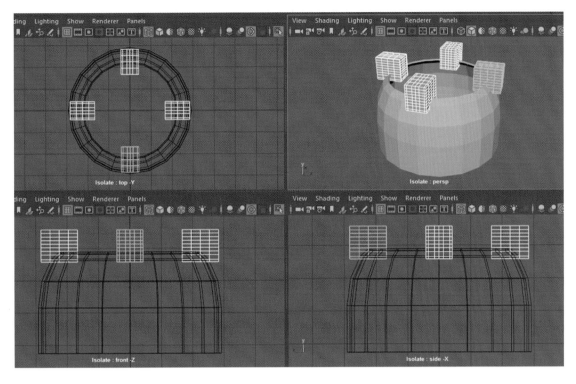

图 2-15

按住"Shift"键,先选择需要保留的模型体,再依次选择需要剪掉的另外四个模型体,然后点击 HardMesh 建模插件中的"相减"命令,进行布尔运算,如图 2-16 所示。

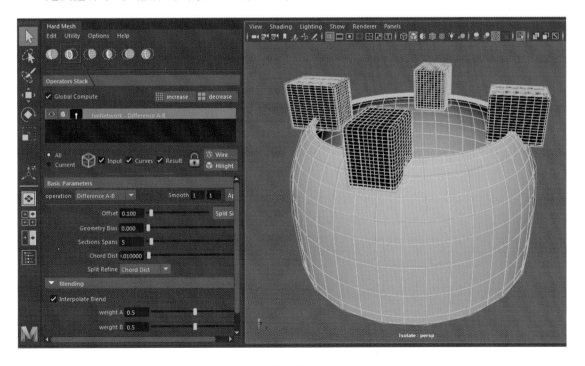

图 2-16

　　此时我们发现通过相减运算,并没有得到正确的结果,我们可以调整 HardMesh 属性面板中的"Offset"偏移数值,计算出合适的倒角弧度,如图 2-17 所示。

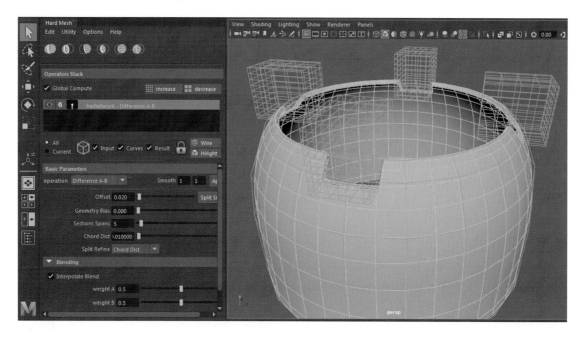

图 2-17

　　使用 HardMesh 插件进行模型间的运算时,会出现代理模型和计算偏移弧度的曲线,我们可以取消勾选显示,让它们隐藏起来,如图 2-18 所示。

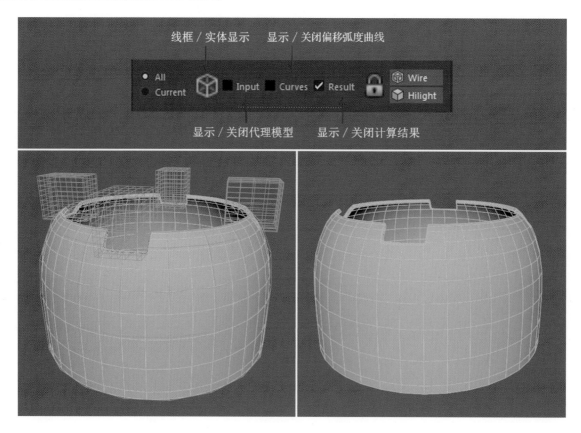

图 2-18

　　下面继续使用 HardMesh 插件进行模型细节的塑造。执行"Create—Polygon Primitives—Cube"命令，创建一个立方体并调整分段数，在编辑状态下调整其外形。然后按"Ctrl＋D"进行复制，将复制出的模型摆放在图 2-19 所示的位置。

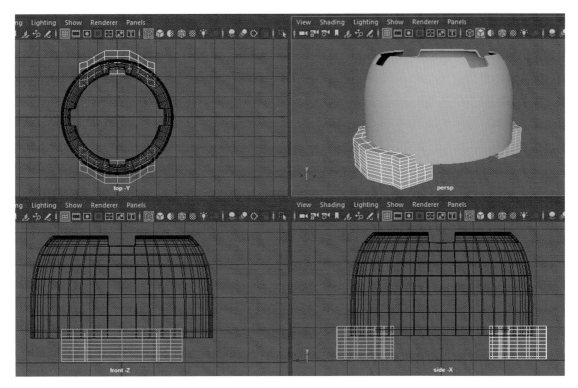

图 2-19

　　按住"Shift"键，先选择需要保留的模型体，再依次选择需要剪掉的另外两个模型体，然后点击 HardMesh 建模插件中的"相减"命令，进行布尔运算，最后调整"Offset"数值，得到合适的倒角弧度，如图 2-20 所示。

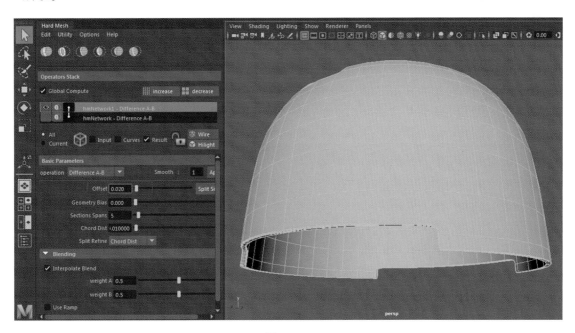

图 2-20

使用相同的步骤和方法,继续进行模型细节的塑造,效果如图 2-21 所示。

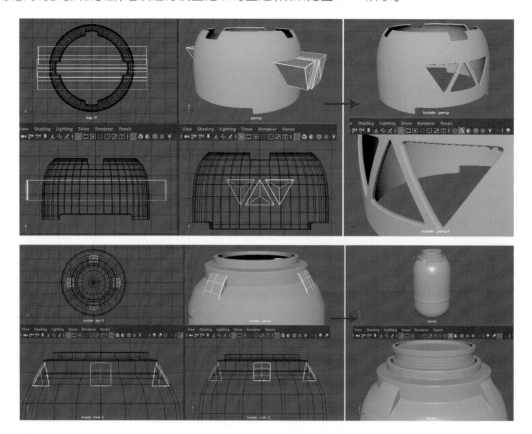

图 2-21

2.4
配件模型制作

执行"Create—Polygon Primitives—Sphere"命令,创建基础球体模型并调整分段数,在模型编辑状态下使用移动工具和缩放工具调整外形,如图 2-22 所示。

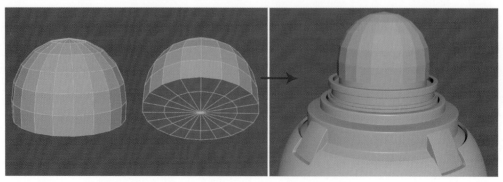

图 2-22

创建多边形面片并调整分段数,在编辑状态下对外形进行调整,通过"Insert Edge Loop"命令在相应位置插入线段,然后执行"Extrude"命令,挤压出厚度并添加分段数,如图 2-23 所示。

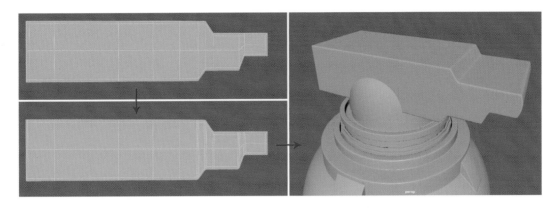

图 2-23

选中进行布尔运算的两个模型部件,然后点击 HardMesh 插件属性面板中的"相加"命令,并调整"Offset"参数,如图 2-24 所示。

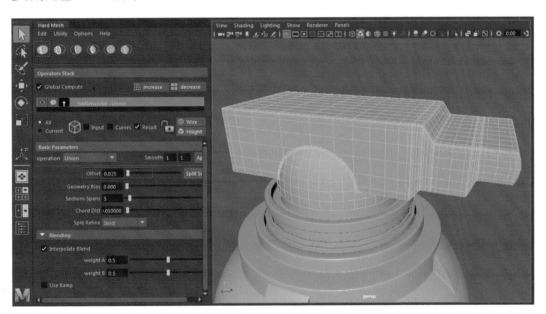

图 2-24

创建一个立方体模型并调整分段数,在编辑状态下对外形进行调整,然后将其摆放在图 2-25 所示的位置。

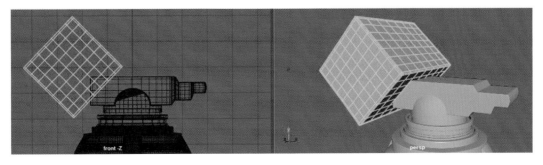

图 2-25

选中进行布尔运算的两个模型体,在 HardMesh 插件属性面板中点击"相减"命令,并调整"Offset"数值,如图 2-26 所示。

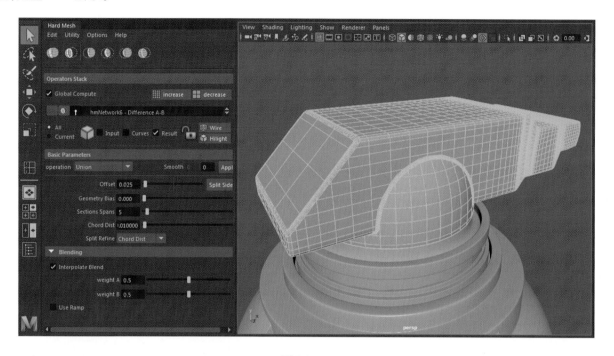

图 2-26

继续创建一个立方体模型并调整分段数,在编辑状态下对外形进行调整,然后和刚才制作的模型进行"相减"运算,如图 2-27 所示。

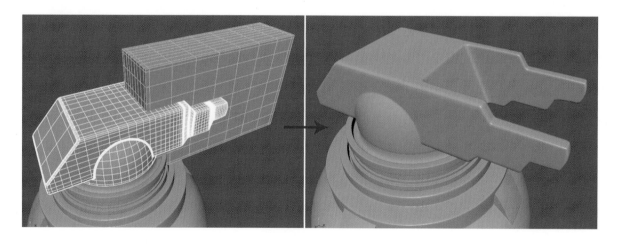

图 2-27

接下来制作这个模型体上的其他细节。创建一个圆柱体并通过缩放工具调整形体比例,然后将其插入需要做运算的位置。对于模型的另外一边,先复制调整好的圆柱体并对其进行摆放,后通过"相减"运算,并调整"Offset"数值,得到最终的形体,如图 2-28 所示。

创建一个圆柱体并调整分段数,使用缩放工具调整比例大小,摆放在合适的位置,然后复制一个放在另外一边。最后通过"相减"运算,并调整"Offset"数值,得到最终的形体,如图 2-29 所示。由于后面还需要在圆柱体模型上做造型,所以我们可以在运算之前,选中其中一个圆柱体按"Ctrl+D"复制备份一个。

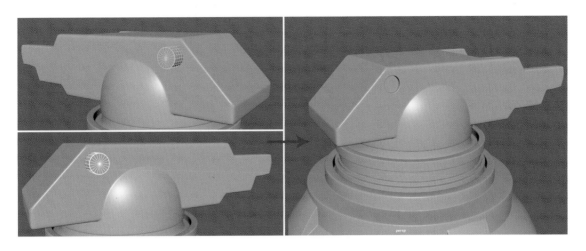

图 2-28

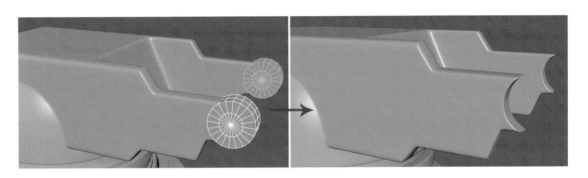

图 2-29

选中刚才复制备份的圆柱体模型,在编辑状态下执行多次"Extrude"命令,进行形体塑造,并使用"Insert Edge Loop"命令,在结构转折处进行卡线,造型如图 2-30 所示。

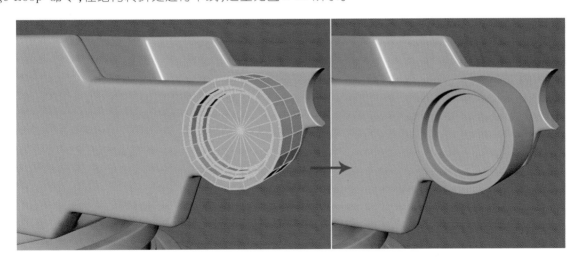

图 2-30

下面制作一颗"一字"螺丝。创建一个多边形球体,删除一半,使用缩放工具将其压扁。再创建一个多边形立方体,调整分段数和比例大小,然后把这两个模型体相交摆放,执行 HardMesh 插件中的"相减"运算,效果如图 2-31 所示。

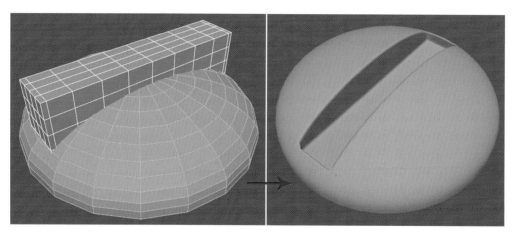

图 2-31

把制作好的螺丝模型摆放在合适的位置,最终效果如图 2-32 所示。

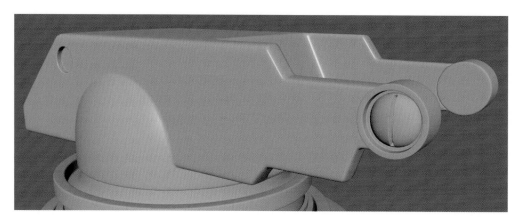

图 2-32

创建一个多边形立方体,添加相应分段数并调整造型比例,然后选中外轮廓和转折处线段,执行"Edit Mesh—Bevel"命令,对结构转折处进行卡线。最后利用"Smooth"命令对模型进行圆滑处理,如图 2-33 所示。

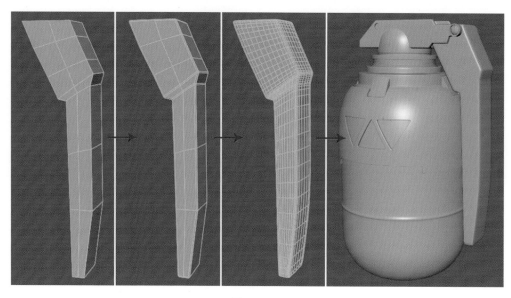

图 2-33

下面制作布尔运算的模型体。创建一个多边形立方体,添加相应分段数并调整造型比例,执行"Smooth"圆滑处理,然后使用 HardMesh 插件中的"相减"运算,制作出造型,如图 2-34 所示。

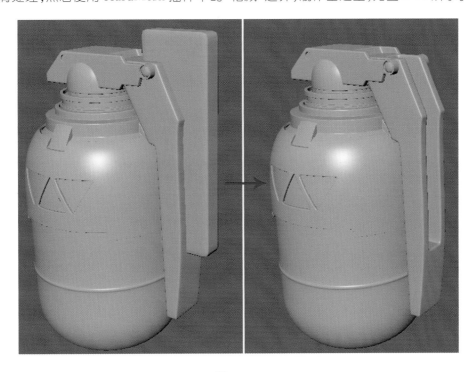

图 2-34

继续使用多边形几何体制作需要进行布尔运算的模型体,然后执行 HardMesh 插件中的"相减"运算,完成效果如图 2-35 所示。

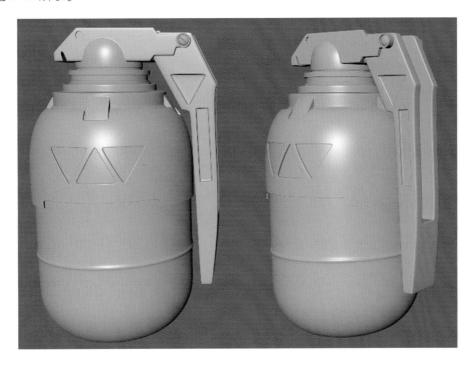

图 2-35

2.5
模型细节制作

　　下面制作手雷模型上的"拉环"造型。应用"Create—CV Curve Tool"创建出曲线。选中曲线,点击鼠标右键,切换到"Control Vertex",结合 Maya 中不同的视图角度,调节控制点使曲线的造型如图 2-36 所示。

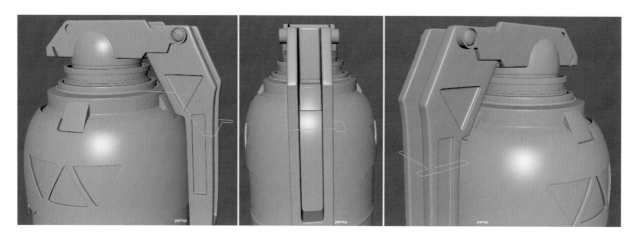

图 2-36

　　执行"Create—NURBS Primitives—Circle"创建一根圆环曲线,使用缩放工具调整大小。然后先选择圆环线,再按住"Shift"键加选刚才创建的曲线,执行"Surfaces—Extrude"命令,制作出立体造型,如图 2-37 所示。

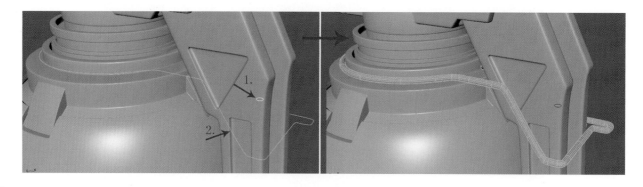

图 2-37

　　此时得到的造型结构是曲面模型,可以执行"Modify—Convert—NURBS to Polygons"命令,把曲面模型转换成多边形模型。

　　使用同样的步骤和方法,制作出另外一根拉环模型,如图 2-38 所示。

　　接下来制作拉环模型上的连接结构。选中模型上的面,执行"Edit Mesh—Extract"命令,炸开选中的面。然后多次执行"Extrude"命令,挤压出造型,如图 2-39 所示。

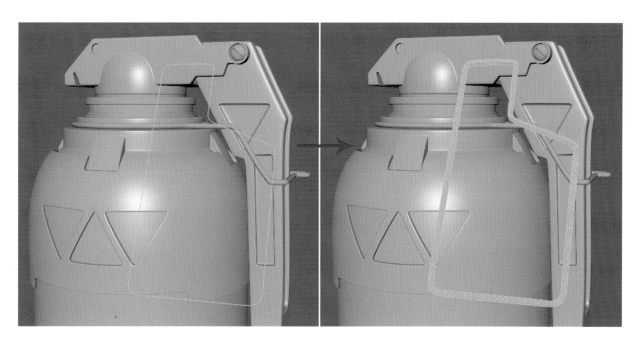

图 2-38

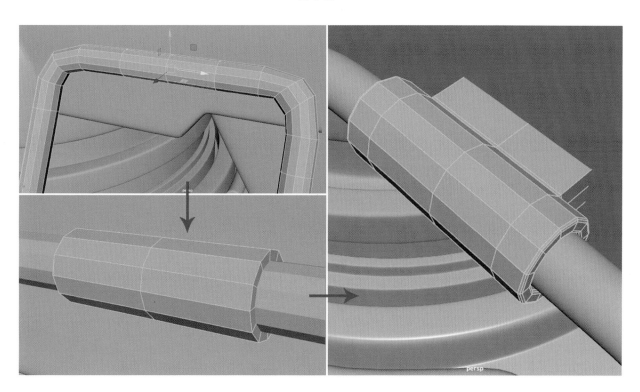

图 2-39

　　创建多边形圆柱体,拼接在图 2-40 所示的位置,在 HardMesh 插件中通过"相减"运算,挖出一个凹槽结构。

　　再创建一个多边形圆柱体,通过创建历史调整分段数,然后删除一半的面,通过对布线的调整,制作出图 2-41 所示的造型并拼接在之前制作的凹槽中。

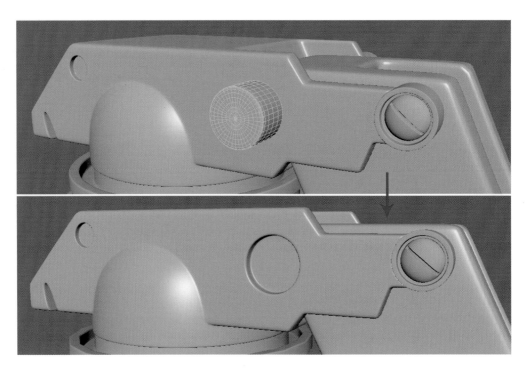

图 2-40

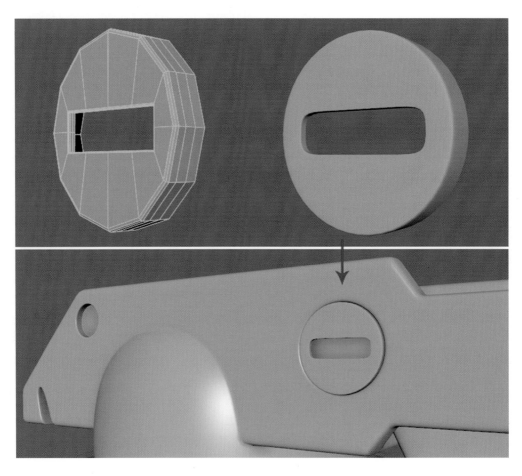

图 2-41

所有部件制作完成后,清理"Outliner"并删除模型的历史记录,最终完成效果如图 2-42 所示。

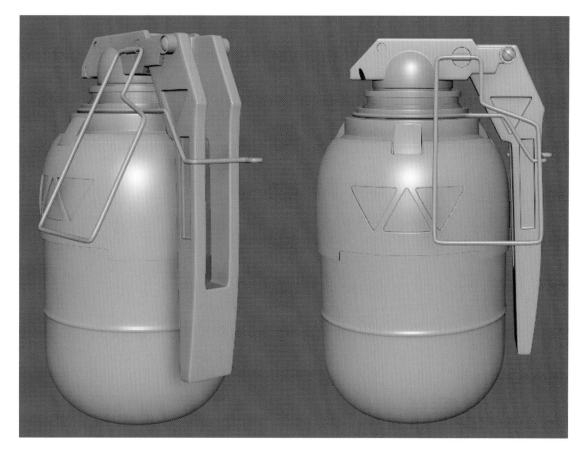

图 2-42

本 章 小 结

本章介绍了 HardMesh 硬表面建模插件,并通过手雷模型案例的制作具体讲解了该插件的用法。插件的辅助运用可以提高我们制作模型的效率,但掌握建模的思路、方法和技巧,才是最核心的能力。任何插件和软件,都只是工具而已。

Yingshi Moxing Zhizuo

第 3 章
火焰枪模型案例

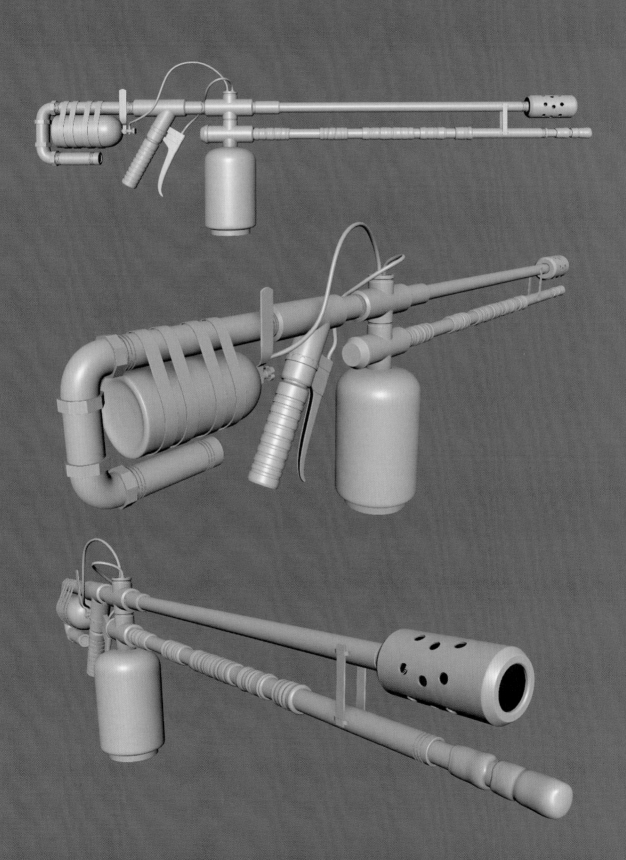

3.1
素材收集与造型分析

　　在本章中,我们通过对"火焰枪"模型案例的制作,进一步学习和巩固多边形建模的方法和技巧。在开始制作前,我们还是要多搜集一些参考素材,对形体塑造以及结构穿插关系进行分析,以便我们制作出的模型能够更加准确和生动。参考图如图 3-1 所示。

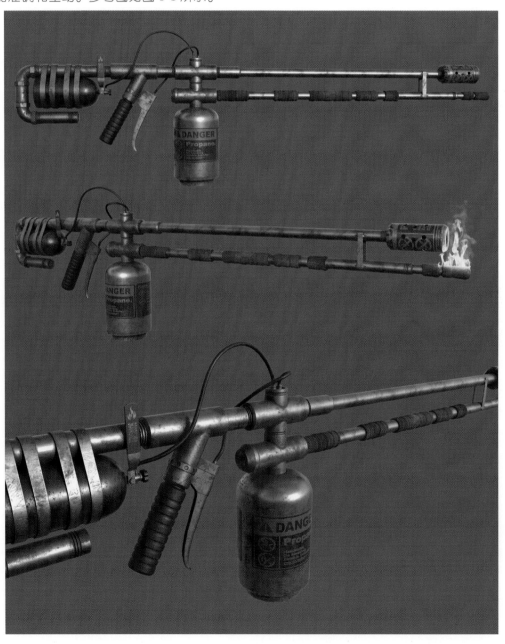

图 3-1

3.2
主体模型制作

我们先从其中一个气罐模型开始制作。执行"Create—Polygon Primitives—Cylinder"命令,并在 Maya 视图右侧的创建历史中调节分段数。根据主体模型部分的造型变化,应用"Mesh Tools—Insert Edge Loop" 命令,在相应的位置添加结构线,然后根据气罐结构的粗细变化,使用缩放工具和移动工具逐一选择和移动结构环线的大小,最终造型效果如图 3-2 所示。

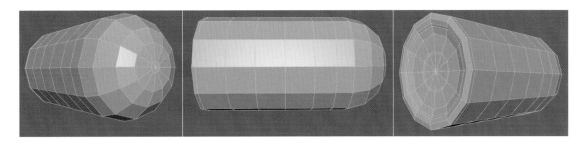

图 3-2

执行"Create—Polygon Primitives—Cylinder"命令,在 Maya 视图右侧的创建历史中调节分段数,然后在模型编辑状态下的"Face"模式,删除圆柱体顶部和底部的面。最后通过造型上的起伏变化,调节结构环线的大小,效果如图 3-3 所示。

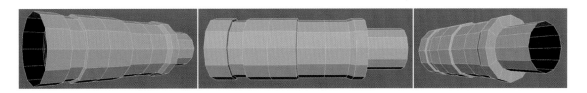

图 3-3

执行"Mesh Tools—Insert Edge Loop"命令,在气嘴模型所有的转折结构处进行卡线,如图 3-4 所示。

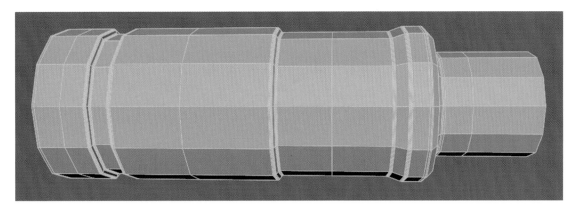

图 3-4

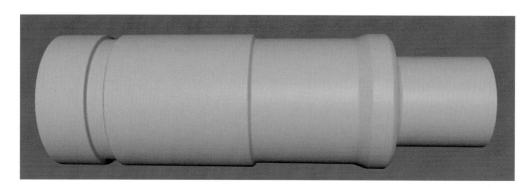

续图 3-4

继续创建圆柱体模型,使用"Insert Edge Loop"命令在相应的位置插入循环边线,并通过结构起伏变化进行外形上的调整,如图 3-5 所示。

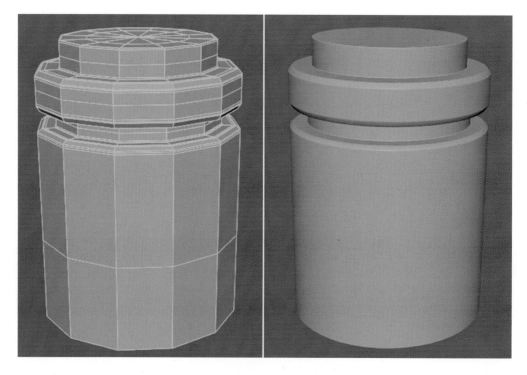

图 3-5

使用同样的步骤和方法,制作完成其他的配件模型,并把这些模型拼接在一起,效果如图 3-6 所示。

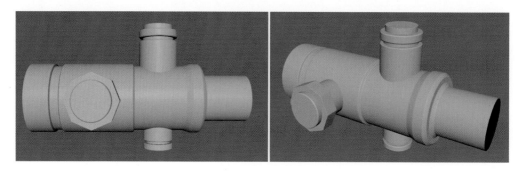

图 3-6

使用 HardMesh 建模插件中的"相加"运算,使这些模型部件相交的位置产生融合效果,以便更加符合现实中的模型效果,如图 3-7 所示。

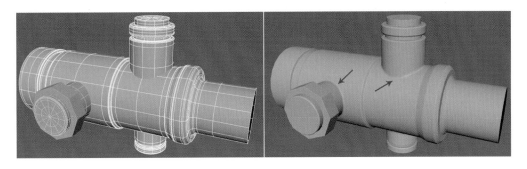

图 3-7

执行"Create—Polygon Primitives—Cylinder"命令,在界面右侧的通道盒中修改它的属性:设置"Subdivisions Axis"为 20,"Subdivisions Height"为 2,"Subdivisions Caps"为 3。运用缩放工具将圆柱体纵向压扁并沿着 Z 轴旋转 90°,然后选中图 3-8 所示的线段,执行"Edit Mesh—Bevel"命令,进行倒角制作。

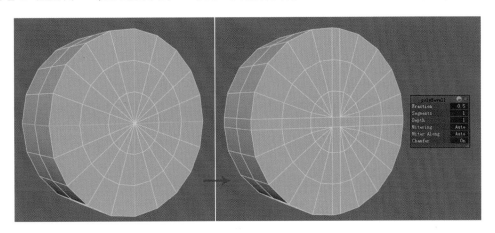

图 3-8

在模型编辑状态下,对形体结构进行调整,并使用"Insert Edge Loop"命令在结构转折位置插入循环边线,最终造型如图 3-9 所示。

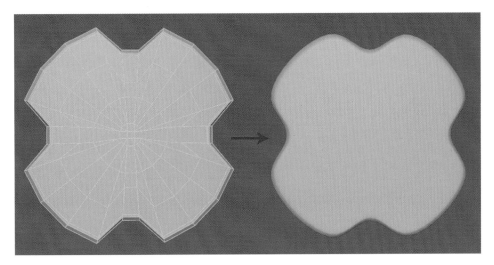

图 3-9

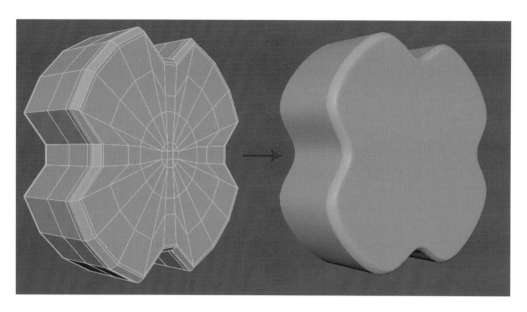

续图 3-9

接下来制作气罐上的扳手模型。创建一个多边形面片,在 Maya 视图右侧的创建历史中调节分段数,然后在编辑状态下调整结构造型,之后执行"Extrude"命令,挤压出厚度并在结构转折处卡线,效果如图 3-10 所示。

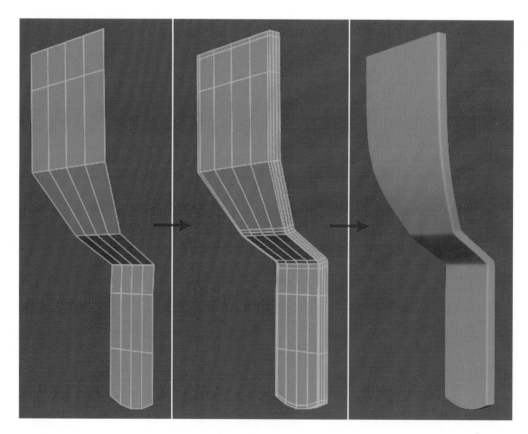

图 3-10

使用与上述相同的方法,制作出扳手上的皮套模型,最后把各模型部件拼接在一起,效果如图 3-11 所示。

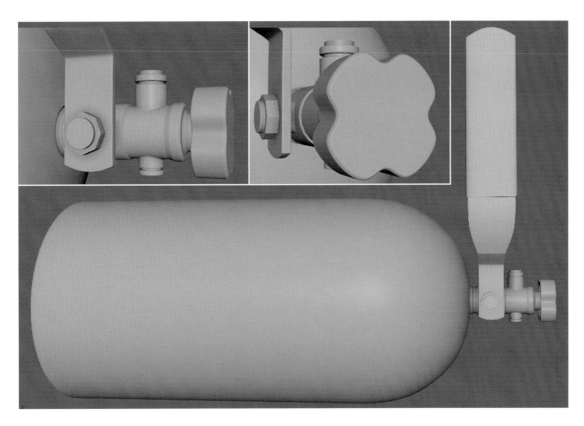

图 3-11

　　下面制作枪托和枪管部分。执行"Create—Polygon Primitives—Cylinder" 命令,删除顶部和底部的面,然后按"Ctrl＋D"复制模型,并将其摆放在图 3-12 所示的位置。

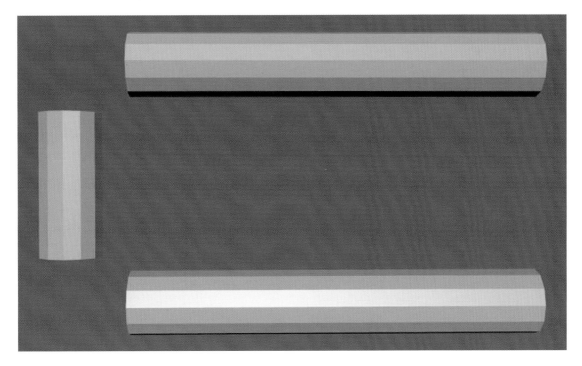

图 3-12

选中三个模型体,执行"Mesh—Combine"命令,然后在编辑状态下的"Edge"模式,选中边线并执行"Edit Mesh—Bridge"命令,设置参数如图 3-13 所示。

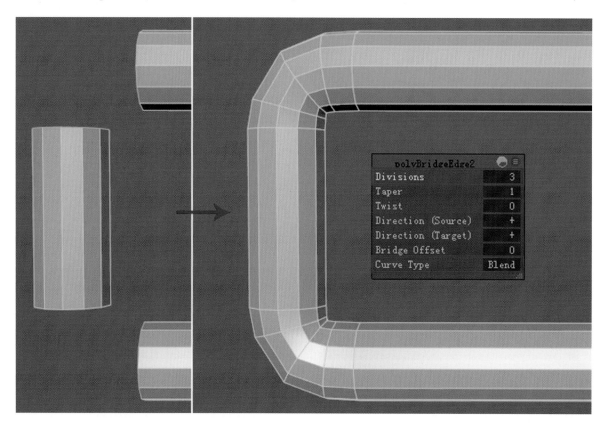

图 3-13

执行"Mesh Tools—Insert Edge Loop"命令,在模型上的相应位置添加结构线,在编辑状态下根据造型需求进行调整,效果如图 3-14 所示。

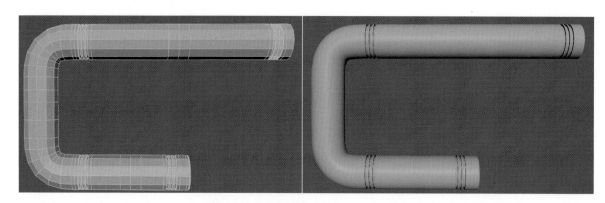

图 3-14

执行"Create—Polygon Primitives—Cylinder"命令,在界面右侧通道盒中的创建历史中调节分段数,之后删除顶部和底部的面并对造型进行调整,制作完成后和之前的模型进行拼接,效果如图 3-15 所示。

按照上述方法,根据造型需求,逐个完成枪管和气罐部分的模型制作并进行拼接摆放,完成效果如图 3-16 所示。

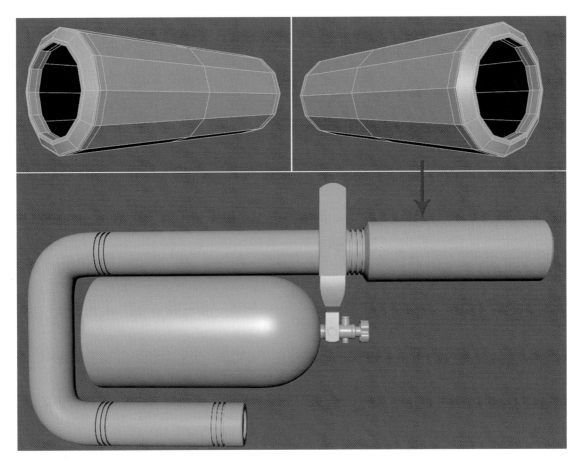

图 3-15

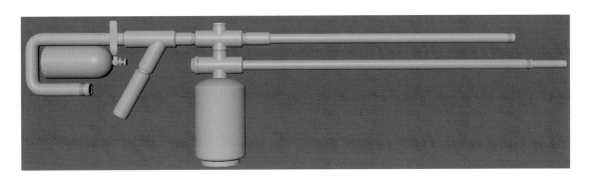

图 3-16

3.3
配件模型制作

　　执行"Create—Polygon Primitives—Cylinder"命令,在界面右侧通道盒中的创建历史中设置"Subdivisions Axis"为 8,"Subdivisions Height"为 2,"Subdivisions Caps"为 2,然后通过缩放工具调整基础

造型比例,如图 3-17 所示。

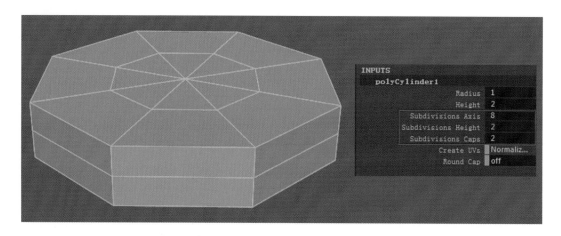

图 3-17

在模型编辑状态下,删除顶部和底部的面并调整宽度,然后选中边缘线段,执行"Edit Mesh—Extrude"命令,挤压出面,如图 3-18 所示。

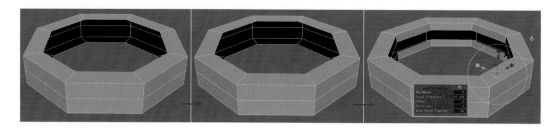

图 3-18

选中模型上转折处的线段,执行"Edit Mesh—Bevel"命令,完成倒角处理,如图 3-19 所示。

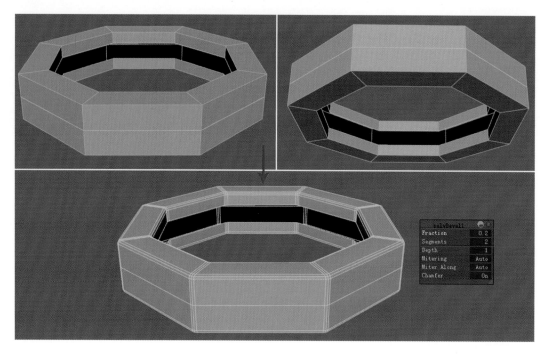

图 3-19

把制作好的模型部件,按"Ctrl+D"键复制几个并摆放在相应的位置,如图 3-20 所示。

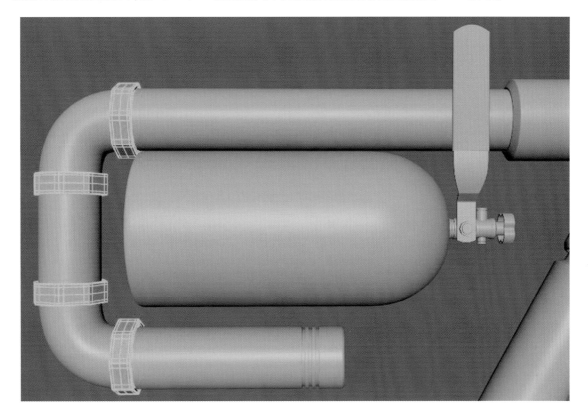

图 3-20

创建一个多边形的圆柱体,删除顶部和底部的面并通过缩放工具进行基础比例的调整,然后在相应的位置添加循环边线并进行造型的塑造,最后使用挤出工具做出厚度并对转折处卡线,完成效果如图 3-21 所示。

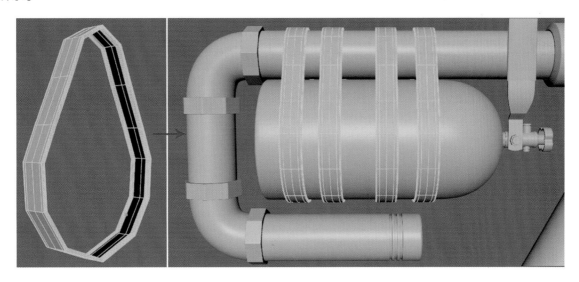

图 3-21

创建一个多边形的立方体,通过缩放命令调整基础比例造型,在结构转折处使用"Mesh Tools—Insert Edge Loop"命令,进行卡线,制作出图 3-22 所示的模型部件。

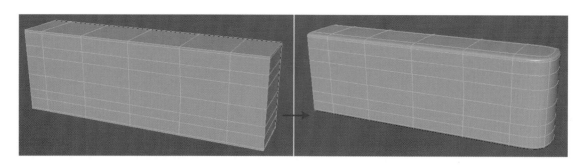

图 3-22

继续创建一个多边形的立方体,通过通道盒中的创建历史调节分段数,然后删除顶部和底部的面,使用"Mesh Tools—Multi−Cut"命令,在模型上切割出图 3-23 所示的线段。最后选中图 3-24 所示的面,执行挤出命令,完成圆形凹槽的制作。

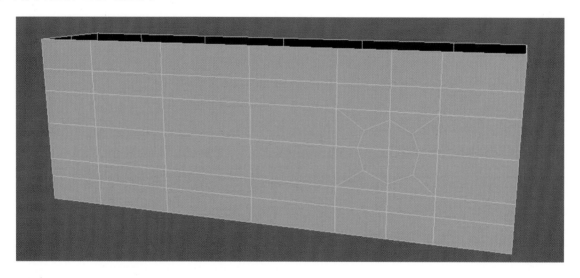

图 3-23

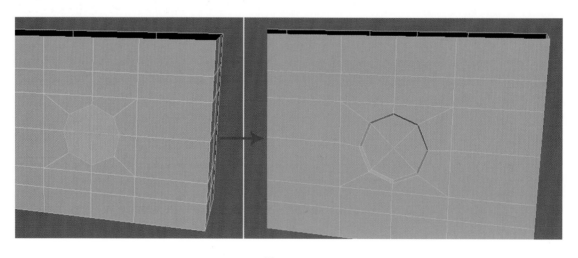

图 3-24

接下来制作火焰枪的按压手柄。创建一个多边形的立方体模型,删除模型一侧的面并调整长宽比例。手柄上的起伏变化通过布线、调点来完成,最后通过挤出命令制作厚度,具体步骤如图 3-25 所示。

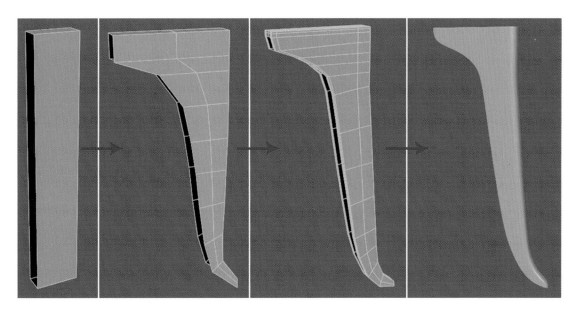

图 3-25

当手柄部分的模型配件制作完成后,把它们拼接摆放在相应的位置,效果如图 3-26 所示。

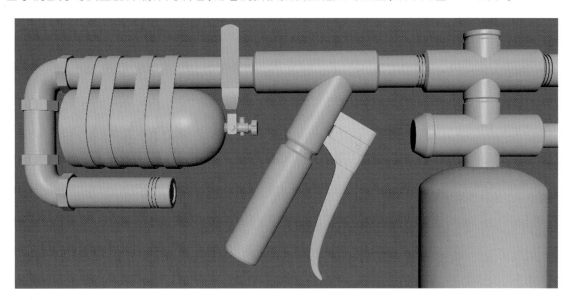

图 3-26

接下来制作火焰枪的枪口。由于枪口模型类似一个圆柱体,并且侧面一圈上面有很多的圆形孔洞,我们在制作时先以一个孔洞为单位进行制作,这样后续比较方便。

创建一个多边形面片,调整分段数,然后使用"Mesh Tools—Multi—Cut"命令,切割出圆形孔洞的布线,然后删除中间的面,如图 3-27 所示。

选中模型,按"Ctrl+D"键进行复制,然后使用移动工具把复制出的模型移到一边,使两个模型的侧边重合,如图 3-28 所示。

选中两个模型,执行"Mesh—Combine"命令,然后进入模型编辑状态下的"Vertex"模式,框选两个模型相交位置的控制点,执行"Edit Mesh—Merge"命令,如图 3-29 所示。

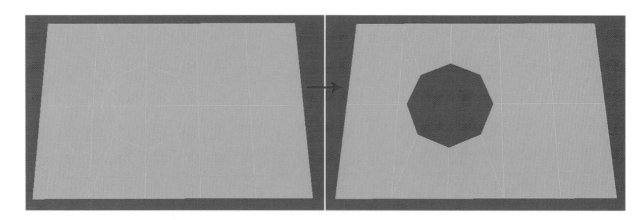

图 3-27

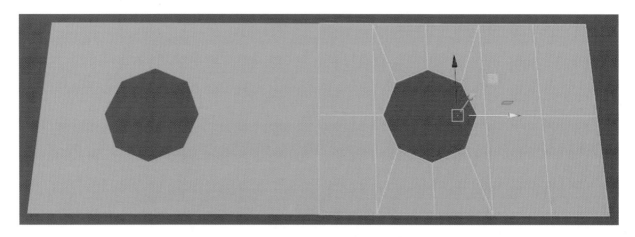

图 3-28

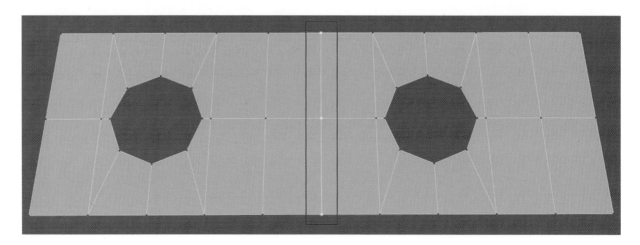

图 3-29

重复使用上述的制作方法,拼接出图 3-30 所示的效果。

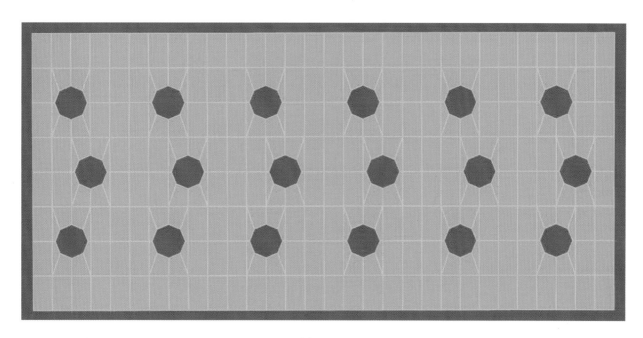

图 3-30

接下来使用动画模块的命令制作模型的立体造型。按"F4"键切换菜单到动画模块,选中模型,执行"Deform—Nonlinear—Bend"命令,然后在通道盒中的创建历史中调整参数,如图 3-31 所示。

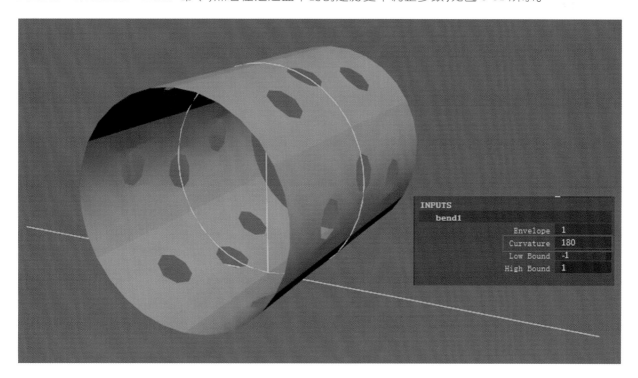

图 3-31

框选模型和控制器,执行"Edit—Delete by Type—History"命令,删除控制器。然后进入模型编辑状态下的"Vertex"模式,框选需要缝合的点,执行"Merge"命令。

通过对模型造型上的调整以及多次"Extrude"操作,完成枪口形体的塑造,如图 3-32 所示。

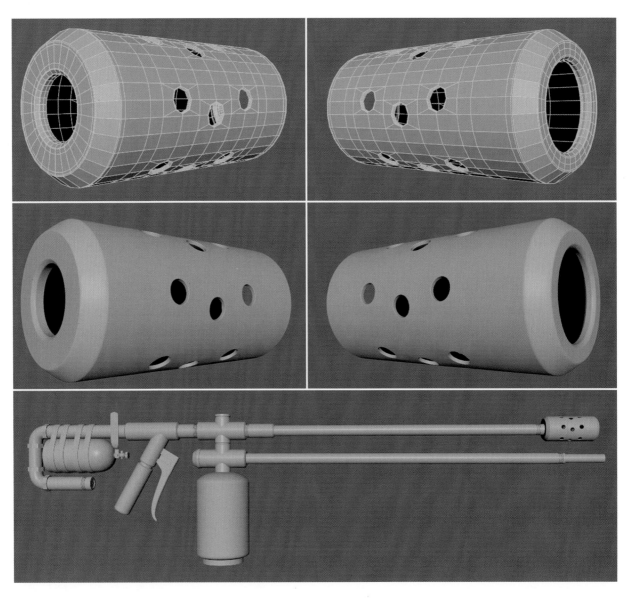

图 3-32

3.4
模型细节制作

　　选中把手模型,执行"Mesh Tools—Insert Edge Loop"命令,调整线段之间的间距,然后对模型上的面执行"Extrude"操作,最终效果如图 3-33 所示。

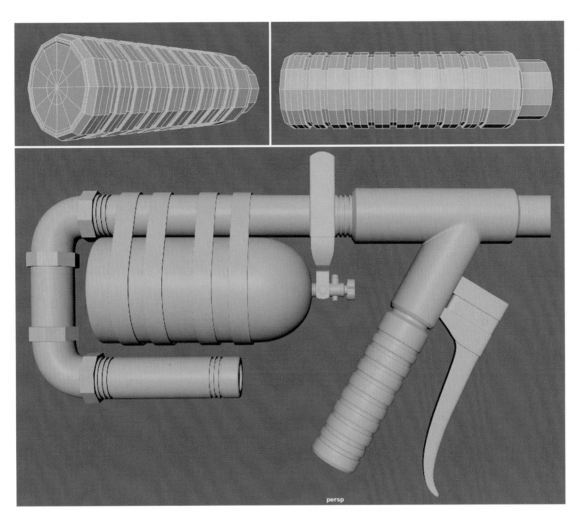

图 3-33

　　下面制作枪械上的管线。应用"Create—CV Curve Tool"创建出曲线,选中曲线,点击鼠标右键,切换到"Control Vertex",调节控制点使曲线的造型如图 3-34 所示。

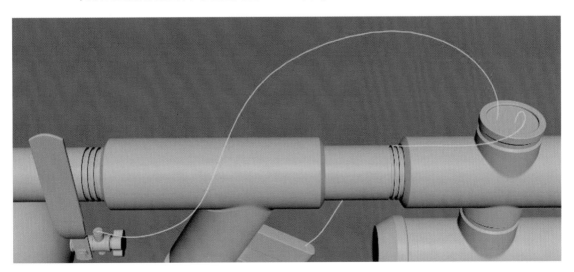

图 3-34

执行"Create—NURBS Primitives—Circle"创建一根圆环曲线,使用缩放工具调整大小。然后先选择圆环线,再按住"Shift"键加选刚才创建的曲线,执行"Surfaces—Extrude"命令,制作出管线立体造型,最后通过执行"Modify—Convert—NURBS to Polygons"命令,把曲面模型转换成多边形模型,最终效果如图 3-35 所示。

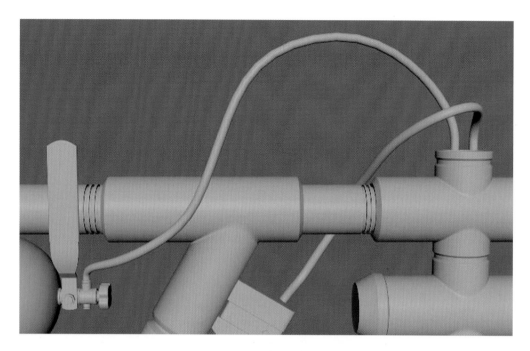

图 3-35

创建多边形圆柱体,添加相应的线段数,通过造型起伏变化进行形体塑造,制作出枪管上包住的布条模型,如图 3-36 所示。

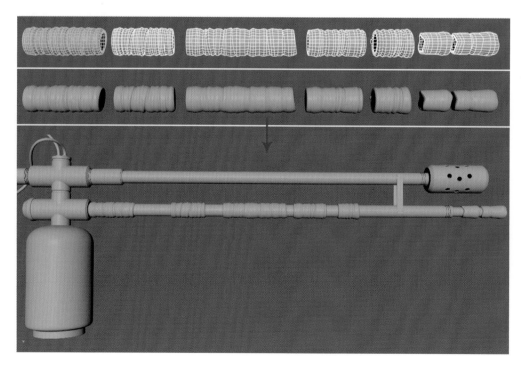

图 3-36

最后使用 HardMesh 建模插件,对相互穿插的枪管部件进行"相加"运算,制作出融合的效果,如图 3-37 所示。

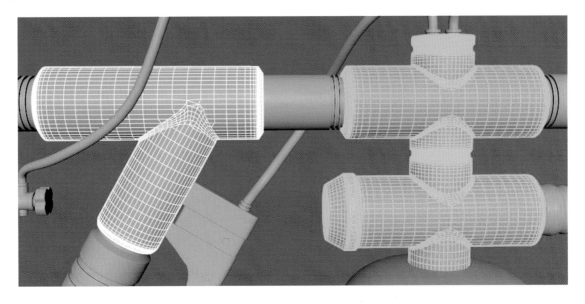

图 3-37

所有部件制作完成后,清理"Outliner"并删除模型的历史记录,最终完成效果如图 3-38 所示。

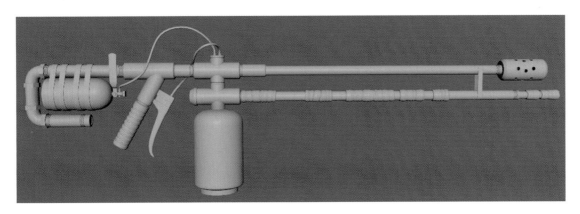

图 3-38

本 章 小 结

○　　○　　○　　○　　○

　　本章使用多边形常用的建模命令以及制作技巧,完成了火焰枪的模型制作。其中还使用到了动画模块的功能命令以及 HardMesh 建模插件,从而提高了我们制作的效率和形体塑造技巧。在完成一个模型作品时,我们要学会综合并灵活运用软件中的功能命令,充分发挥它们的特点,为我们的造型服务。

Yingshi Moxing Zhizuo

第 4 章
威利斯吉普车模型案例

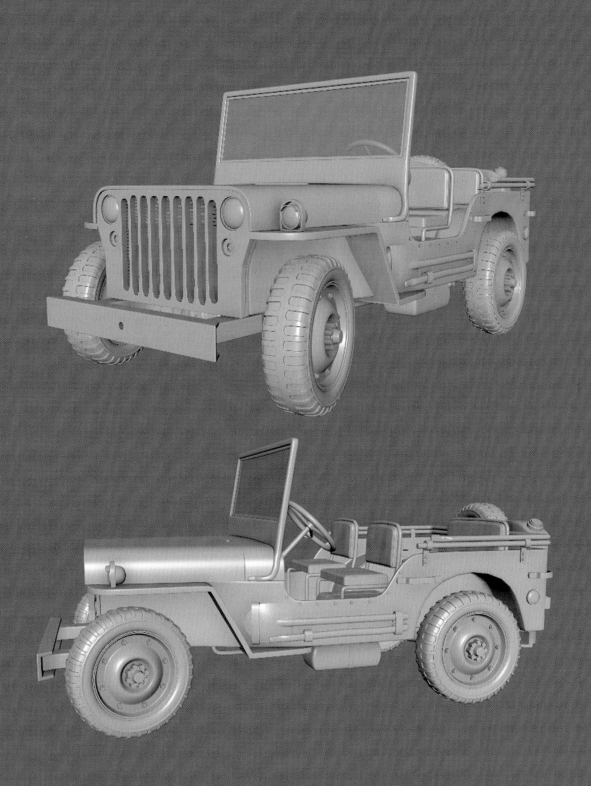

4.1
素材收集与造型分析

　　本章我们将制作一辆 1940 年美国威利斯汽车公司研制的多用途越野车——Willys Jeep,该车的构造简单,几乎没有和驾驶无关的零件。前风挡可以向前放倒,全车没有车门,只有一个圆弧状的缺口,既方便上下车,又减轻了自重。该车采用高底盘设计,因而能跋山涉水。它多种用途和强大的机动性极大地满足了战时的需要。

　　威利斯吉普车是国内外众多 CG 创作者钟爱制作的汽车模型,制作它既能锻炼我们对形体塑造的综合能力,又能表现对经典致敬的情怀。在本案例的制作中,我们将综合运用 Maya 软件中的模型制作技巧,辅助运用 HardMesh 建模插件和 ModIt 脚本插件。如图 4-1 所示,在制作前我们要搜集和准备尽可能多的参考素材,以方便了解形体构造及结构穿插关系。

图 4-1

4.2
主体模型制作

4.2.1　引擎盖

执行"Create—Polygon Primitives—Plane"命令,创建一个面片,通过界面右侧通道盒中的创建历史调整分段数,然后根据造型进行外形调整。在基础造型阶段,我们不要过早加入过多的线段,这样会使调整控制变得困难,如图 4-2 所示。

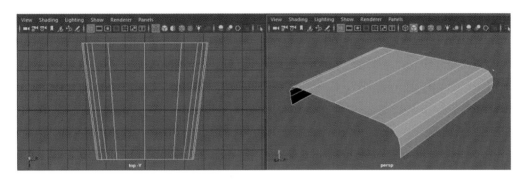

图 4-2

4.2.2　车头面罩

创建一个多边形面片,调整分段数,通过控制点的调整制作出基础造型。然后使用"Mesh Tools—Multi—Cut"命令,在模型上切割线段制作出边角的弧度造型,如图 4-3 所示。

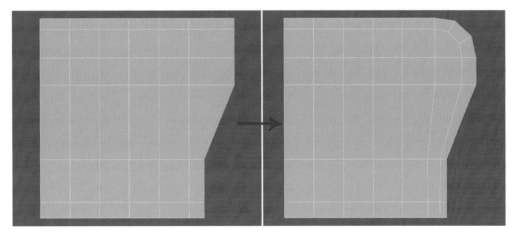

图 4-3

　　使用"Mesh Tools—Multi—Cut"命令,在模型上切割线段并删除多余的面,制作出面罩上的进气栅格,如图 4-4 所示。

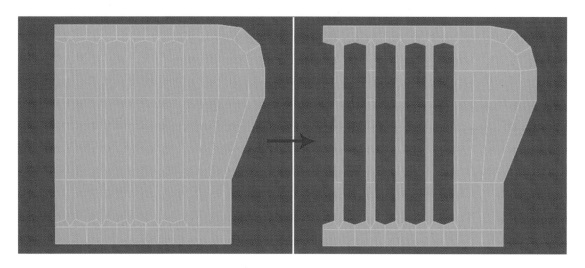

图 4-4

　　使用"Mesh Tools—Multi—Cut"命令,在模型上切割线段并进行调整,制作出放置汽车大灯的圆形孔洞,如图 4-5 所示。

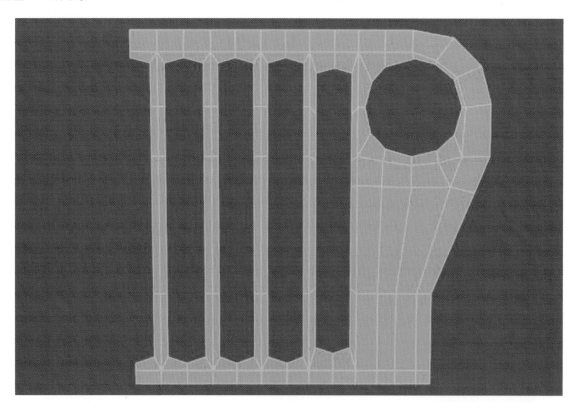

图 4-5

　　继续在模型上进行线段的切割与调整,制作出另外一个圆形孔洞,然后执行"Mesh—Mirror"命令对模型进行镜像,完成效果如图 4-6 所示。

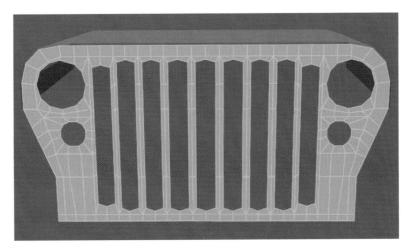

图 4-6

4.2.3 车架

执行"Create—Polygon Primitives—Cube"命令,创建一个立方体,通过创建历史调整分段数,然后删除一半的面(由于车架左右两边是对称的,我们在制作时可以只制作其中一半,完成后通过镜像得到另外一半)。根据车架的造型结构调整模型的控制点,并在车后轮的位置进行布线上的调整,如图 4-7 所示。

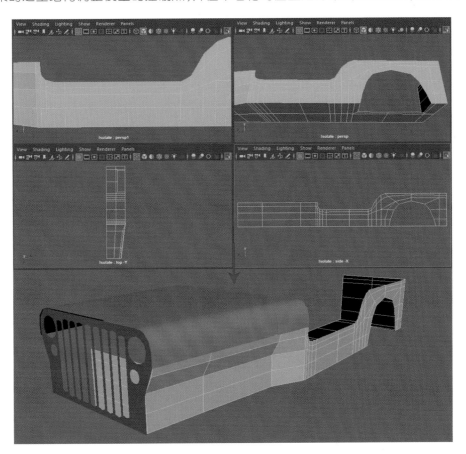

图 4-7

4.2.4　车窗框和挡泥板

创建一个多边形的面片,调整相应的线段数并根据车窗框的造型进行调整,然后删除中间的面,如图 4-8(a)所示。使用上述同样的方法,完成挡泥板的基础造型制作,如图 4-8(b)所示。

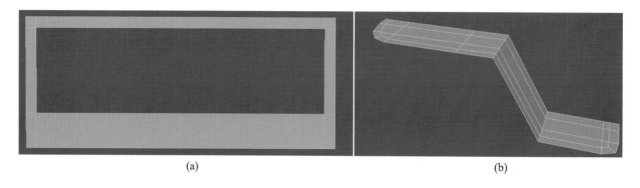

(a)　　　　　　　　　　　　　　　　　　(b)

图 4-8

4.2.5　轮毂和轮胎

执行"Create—Polygon Primitives—Sphere"命令,通过界面右侧通道盒中的创建历史调整分段数,使用缩放工具压扁模型,完成轮毂基础造型。再创建一个多边形的"Torus",在创建历史中调整"Section Radius"为 0.2,"Subdivisions Height"为 12,调整控制点,把模型截面造型压扁,完成轮胎基础造型,效果如图 4-9所示。

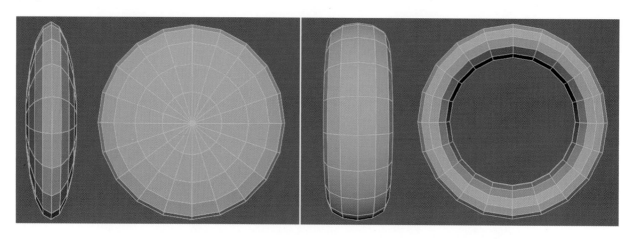

图 4-9

此时,我们已经制作完成了车辆主体部件的基础造型,仔细对比观察参考图与模型,把各部件的比例关系调整好并拼接在一起,然后使用"Extrude"命令,对所有的面片部件挤压出厚度并在转折处卡线,效果如图 4-10 所示。

图 4-10

4.3
配件模型制作

4.3.1 散热器

　　创建一个多边形面片,调整相应的线段数并根据造型进行调整,然后删除中间的面,并使用"Extrude"命令,挤压出厚度,最后在边缘转折处卡线,效果如图 4-11 所示。

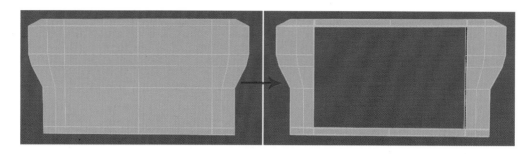

图 4-11

创建多边形面片,调整分段数并使用缩放工具压扁造型,然后拼接在散热器中间并旋转一定的角度,如图 4-12 所示。

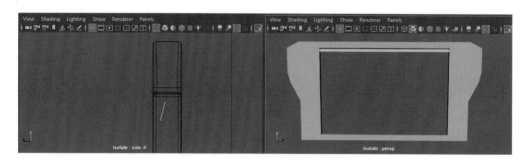

图 4-12

选中面片模型,按"Ctrl+D"复制,然后用移动工具向下移动一定的距离,接着按多次"Shift+D"进行阵列复制,完成散热片的制作,如图 4-13 所示。

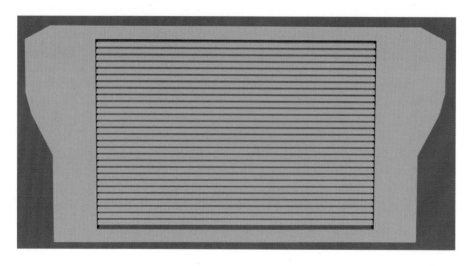

图 4-13

4.3.2 车灯

创建多边形球体,在通道盒中的创建历史中设置"Subdivisions Height"为 10,在模型编辑状态下,删除一半的面并进行外形上的调整。然后选中模型上所有的边线,执行"Bevel"命令,如图 4-14 所示。

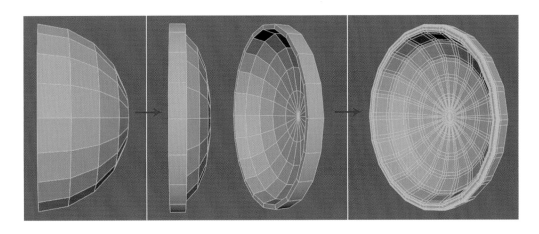

图 4-14

　　创建多边形球体,删除一半的面,使用缩放工具压扁模型,然后和之前制作的模型进行拼接,如图 4-15 所示。

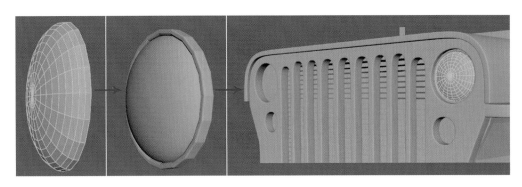

图 4-15

　　下面制作车头两边独立的车灯。创建多边形球体,删除一半的面,使用插入循环边命令对模型进行卡线,并使用"Extrude"命令塑造结构,完成效果如图 4-16 所示。

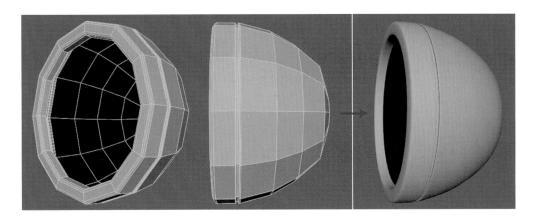

图 4-16

　　创建多边形球体,删除一半的面,使用缩放工具将其压扁,完成灯罩制作。然后创建多边形圆柱体,删除顶部和底部的面,在编辑状态下进行外形调整,最后挤压出厚度并卡线,最终效果如图 4-17 所示。

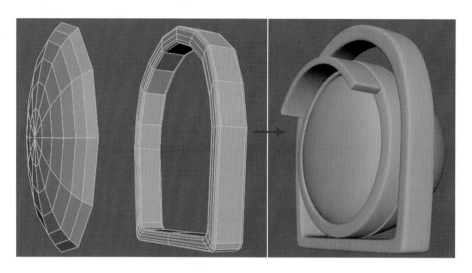

图 4-17

使用上述同样的方法，制作车尾的转向灯造型，并把模型拼接在车体上，效果如图 4-18 所示。

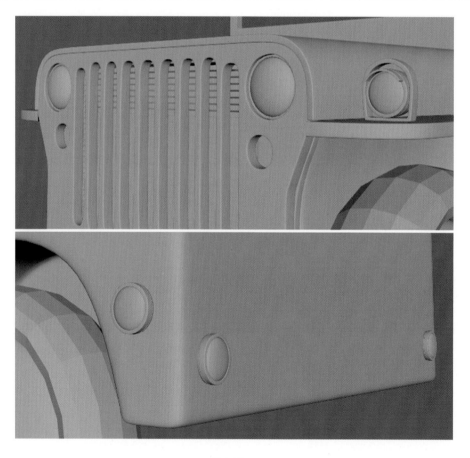

图 4-18

4.3.3　防撞梁

创建多边形立方体，在通道盒的创建历史中调整分段数，使用缩放工具调整比例大小，然后删除部分面。在模型中间通过布线完成圆形孔洞的制作,并使用"Extrude"命令挤压出厚度,如图 4-19 所示。

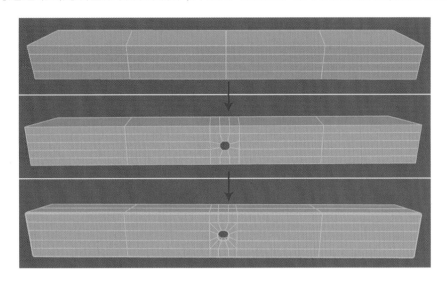

图 4-19

再创建一个多边形立方体,删除顶部和底部的面并添加循环边线,通过控制点的调整塑造形体,然后拼接模型完成前防撞梁的制作,如图 4-20 所示。

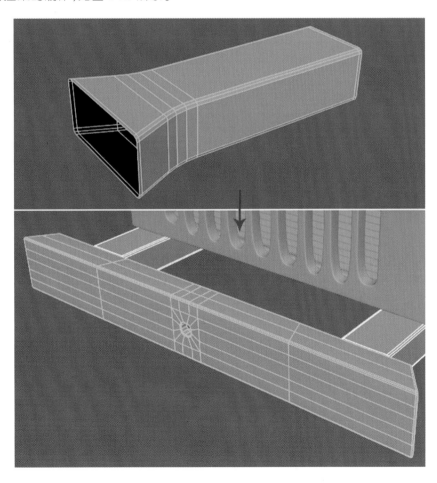

图 4-20

下面制作一个"C"形的防撞梁模型部件。创建多边形圆柱体,删除顶部和底部的面,根据造型特点进行形体塑造,最后对转折处卡线并挤压出厚度,如图4-21所示。

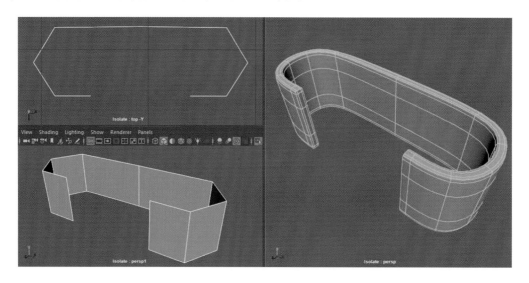

图4-21

复制前防撞梁中的一个模型配件,然后和刚才制作的"C"形防撞梁部件进行拼接,最终完成效果如图4-22所示。

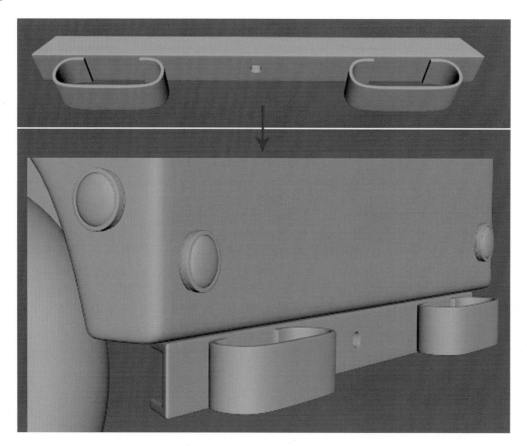

图4-22

4.3.4　座椅

将视图切换到侧面,应用"Create—CV Curve Tool"创建出曲线。选中曲线,点击鼠标右键,切换到"Control Vertex",调节控制点使曲线的造型如图 4-23 所示。

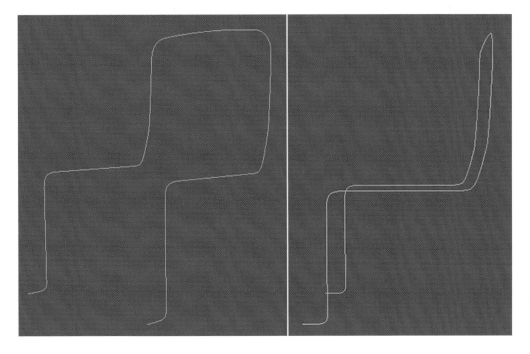

图 4-23

创建一根圆环曲线,使用缩放工具调整大小。然后先选择圆环线,再按住"Shift"键加选刚才创建的曲线,执行"Surfaces—Extrude"命令,制作出座椅框架的立体造型。最后通过执行"Modify—Convert—NURBS to Polygons"命令,把曲面模型转换成多边形模型,如图 4-24 所示。

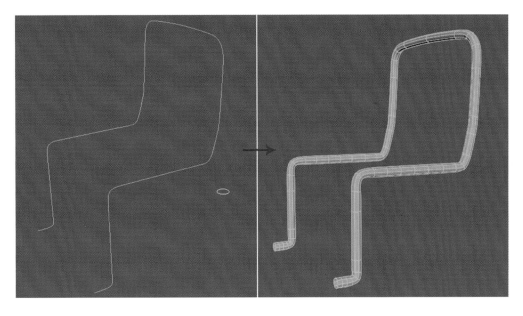

图 4-24

　　下面制作坐垫模型。创建多边形立方体,调整相应的分段数,根据造型起伏变化进行外形上的调整。为了体现出坐垫的皮革质感,我们使用"Extrude"命令,挤压出一圈凹缝,并在坐垫表面调整出起伏不平的效果,如图 4-25 所示。

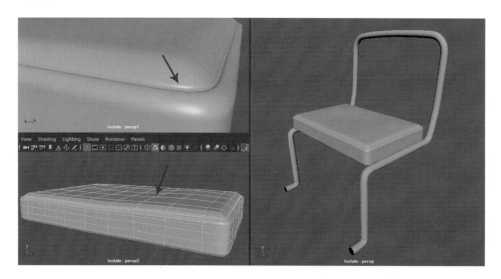

图 4-25

　　复制坐垫模型并通过控制点进行外形调整,完成靠垫模型的制作,如图 4-26 所示。

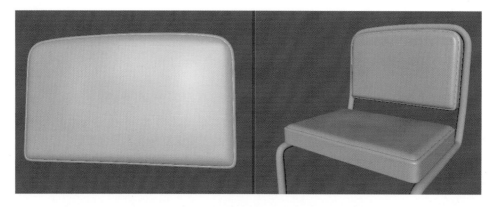

图 4-26

　　按照上述制作步骤和方法,完成后排双人座椅的制作,完成效果如图 4-27 所示。

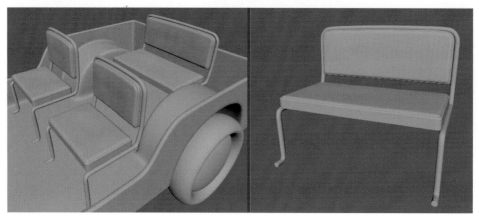

图 4-27

4.3.5　顶棚支架

　　将视图切换到顶视图,应用"Create—CV Curve Tool"创建出曲线。选中曲线,点击鼠标右键,切换到"Control Vertex",调节控制点使曲线的造型如图 4-28 所示。

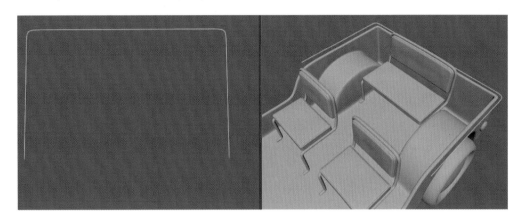

图 4-28

　　创建一根圆环曲线,使用缩放工具调整大小。然后先选择圆环线,再按住"Shift"键加选刚才创建的曲线,执行"Surfaces—Extrude"命令,制作出支架的立体造型。最后执行"Modify—Convert—NURBS to Polygons"命令,把曲面模型转换成多边形模型,如图 4-29 所示。

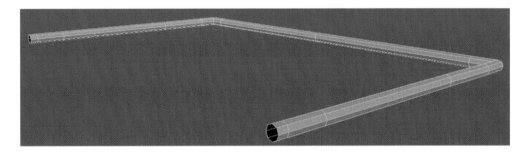

图 4-29

　　转换成多边形属性的支架模型,两端的面没有封口,我们在模型编辑状态下选中两端的环线,执行"Mesh—Fill Hole"命令,然后对新生成的面进行线段切割,让面保持四边形状态,如图 4-30 所示。

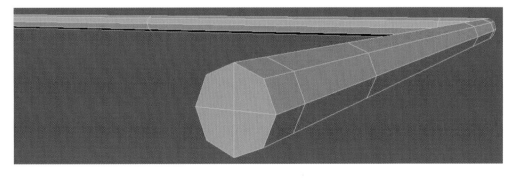

图 4-30

复制制作好的支架模型,将其摆放在上方,并在编辑状态下对两端的造型进行调整,效果如图 4-31 所示。

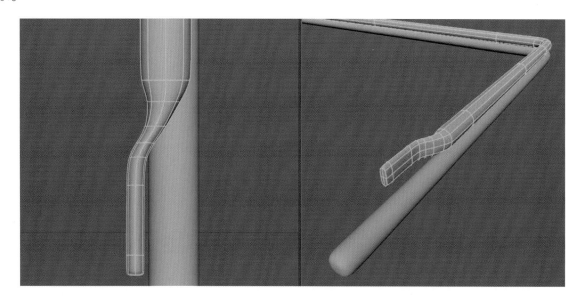

图 4-31

接下来制作用来固定支架的配件模型。创建多边形面片,调整分段数并使用缩放工具调整造型比例。然后选中面片一段的线段,多次执行"Extrude"命令,让挤出的多个面形成环形,如图 4-32 所示。

为了让模型形成一个闭环,我们框选需要合并的顶点,执行"Edit Mesh—Merge"命令,如图 4-33 所示。

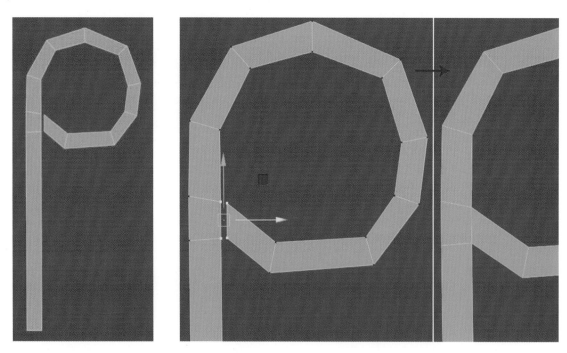

图 4-32   图 4-33

对制作好的模型使用挤出命令制作出厚度,并对转折处卡线,完成效果如图 4-34 所示。

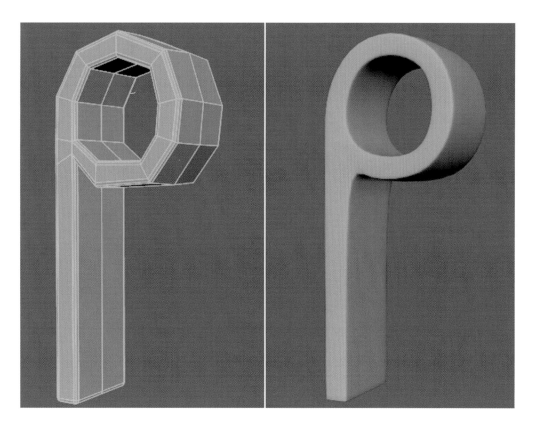

图 4-34

　　下面制作另外一个配件模型。创建多边形立方体,在编辑状态下对造型进行调整,并对转折处卡线,制作完成后对模型进行拼接,完成效果如图 4-35 所示。

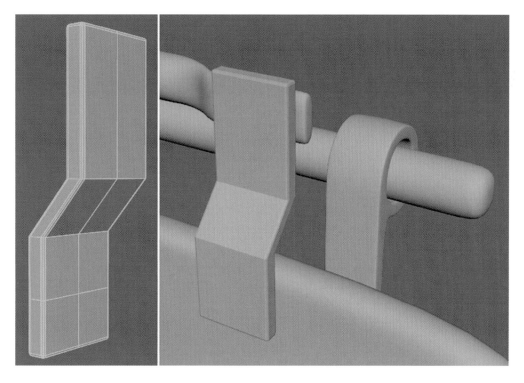

图 4-35

4.3.6 外挂式油壶

　　创建多边形立方体,在创建历史中设置适当的线段数,根据外形特征进行形体塑造,注意使用挤出工具刻画出凹缝细节,如图4-36所示。

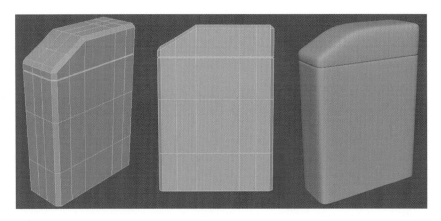

图 4-36

　　创建多边形圆柱体,调整分段数,然后根据造型变化进行多次挤出操作,塑造出壶嘴形体结构,如图4-37所示。

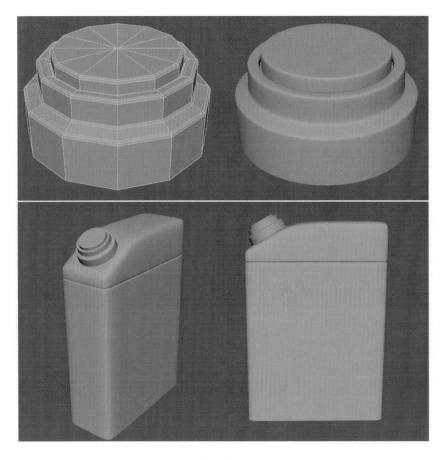

图 4-37

下面制作油壶下方的支撑架。创建多边形立方体,在创建历史中调整分段数,然后删除顶部的面。根据造型变化调整外形,最后挤压出厚度,如图 4-38 所示。

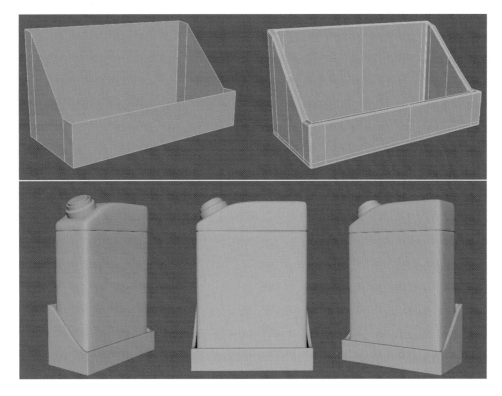

图 4-38

4.3.7　方向盘和内饰板

创建多边形面片,调整分段数,然后根据车厢内部结构制作出仪表面板的基础造型,再使用挤出命令制作厚度并卡线,效果如图 4-39 所示。

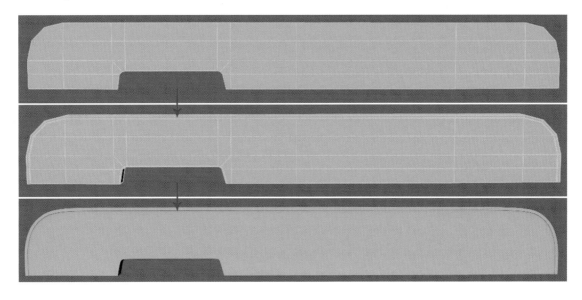

图 4-39

　　方向盘的制作比较简单,是由圆柱体造型拼接而成的,在制作时注意穿插结构和比例大小。最后使用多边形面片制作脚部的踩踏板,完成效果如图 4-40 所示。

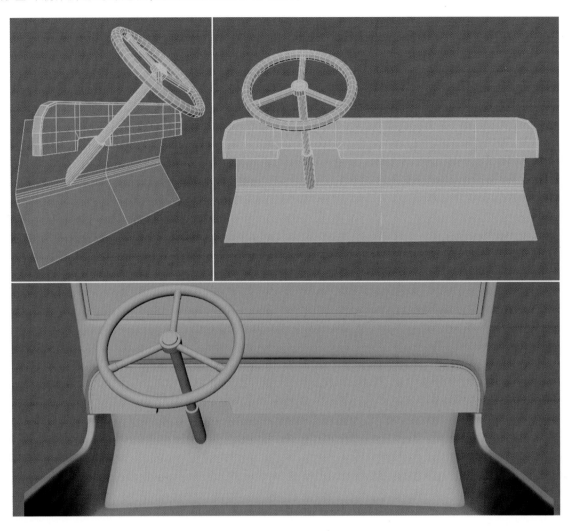

图 4-40

4.4

模型细节制作

4.4.1 轮毂

　　下面进一步制作完善模型的细节表现。选中轮毂基础模型,在编辑状态下的"Face"模式,选中一半的面,执行"Edit Mesh—Extract"命令,分别对炸开的模型进行形体结构上的调整,如图 4-41 所示。
　　下面制作外侧轮毂上的凸轴和螺丝模型。创建多边形圆柱体,调整分段数并通过挤出命令进行造型起

图 4-41

伏塑造,最后对边缘转折处卡线,完成凸轴模型,效果如图 4-42 所示。

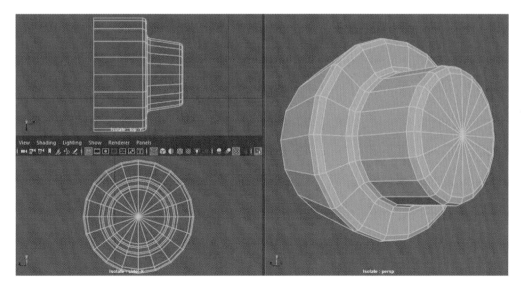

图 4-42

创建圆柱体,使用缩放工具调整比例,并将其拼接在图 4-42 所示的模型上,如图 4-43 所示。

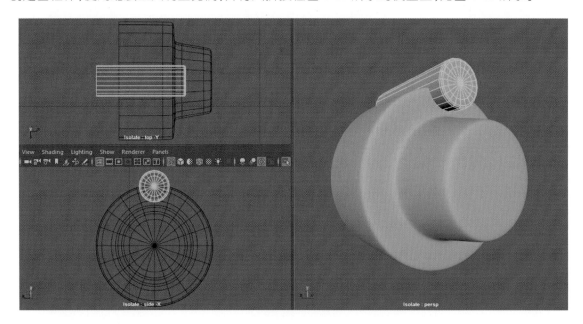

图 4-43

使用移动工具选中图 4-43 中的模型,按键盘上的"Insert"键激活移动坐标,然后把坐标放置在凸轴模型的圆心上,如图 4-44 所示。

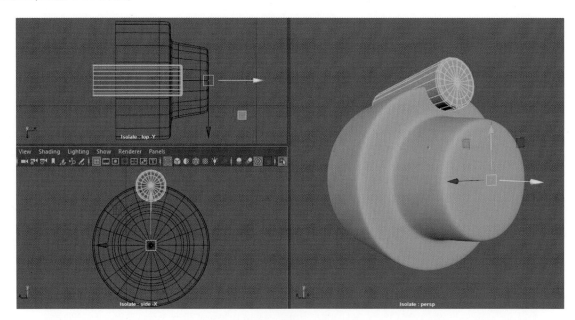

图 4-44

按"Ctrl＋D"键,复制模型,使用旋转工具对模型进行 60°的旋转,紧接着多按几次"Shift＋D"键,进行旋转阵列复制,效果如图 4-45 所示。

接下来我们使用 ModIt_script 脚本插件中内置的模型来完成轮毂上的螺丝造型,如图 4-46 所示。这里使用的是 ModIt 2.0 for Maya 2018 版本。

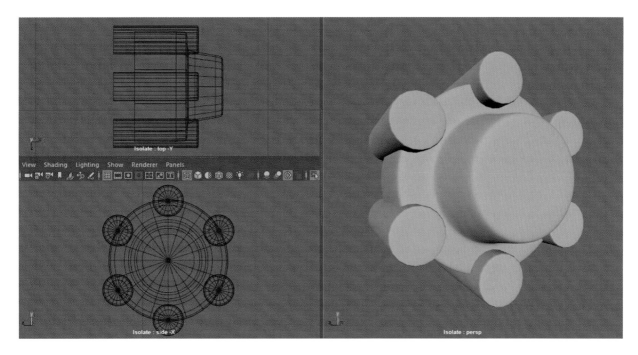

图 4-45

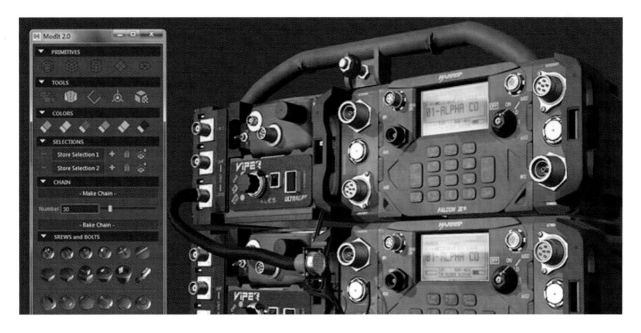

图 4-46

　　打开 ModIt 工具面板,我们可以在面板下方"SREWS and BOLTS"一栏中,看到有很多内置的螺丝模型。选中外侧轮毂模型,进入编辑状态下的"Vertex"模式,点击选择一个控制点,然后点击 ModIt 工具面板中的一个螺丝模型图标,这时模型就创建在了所选择的控制点的位置,通过缩放工具调整螺丝模型比例,完成模型的创建,如图 4-47 所示。

　　图 4-48 所示是完成轮毂上螺丝模型摆放后的最终效果。

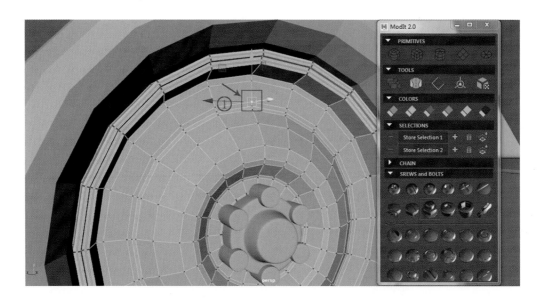

图 4-47

图 4-48

4.4.2 轮胎

选中轮胎模型,删除内侧的面,使用插入循环边命令根据造型的需要进行加线,并调整形体结构,如图 4-49 所示。

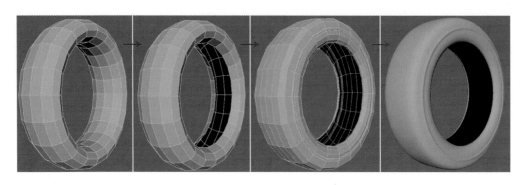

图 4-49

　　根据参考图中轮胎表面凹槽形态,创建多边形立方体,并进行造型上的调整,然后和轮胎进行穿插摆放,如图 4-50 所示。

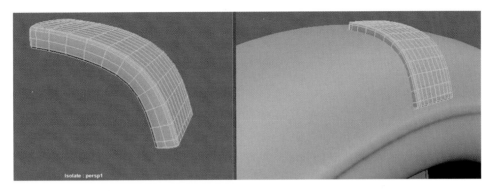

图 4-50

　　选中图 4-50 中的模型,以轮胎的圆心为旋转轴心,进行旋转阵列复制,最后再把复制的模型镜像到另外一边,如图 4-51 所示。

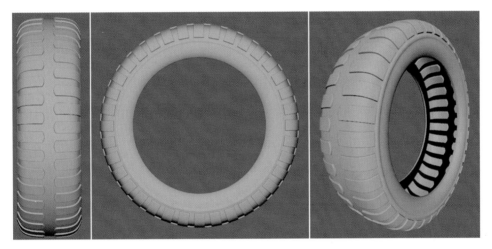

图 4-51

使用 HardMesh 建模插件中的"相减"运算,制作出轮胎上的凹槽造型,如图 4-52 所示。

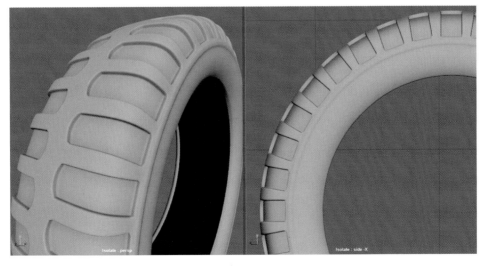

图 4-52

4.4.3　车窗

　　选中车窗框底部边角所在的面,多次执行"Extrude"命令,并调整每次挤出面的角度,使之贴合引擎盖边缘,最后对结构转折处卡线,如图 4-53 所示。

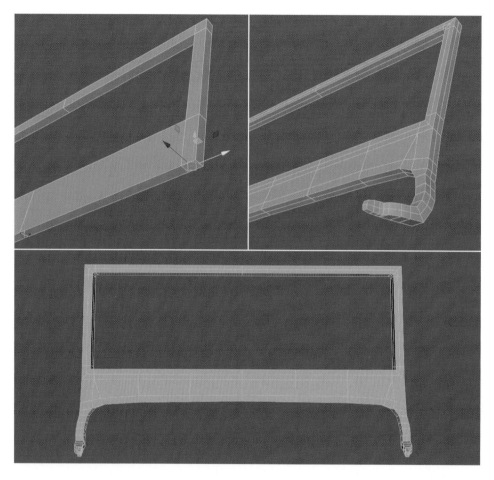

图 4-53

　　创建多边形面片,添加相应的分段数,在编辑状态下调整成"口"字形的造型,再使用挤压命令挤出厚度,如图 4-54 所示。

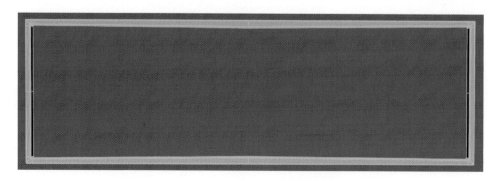

图 4-54

　　最后创建一个多边形立方体,调整外形比例,并和之前制作的模型进行拼接,完成车玻璃的制作,最终效果如图 4-55 所示。

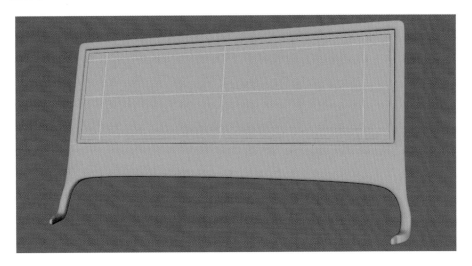

图 4-55

4.5
其他模型制作

4.5.1   铁铲

创建多边形面片,调整分段数后对造型和布线进行处理,如图 4-56 所示。

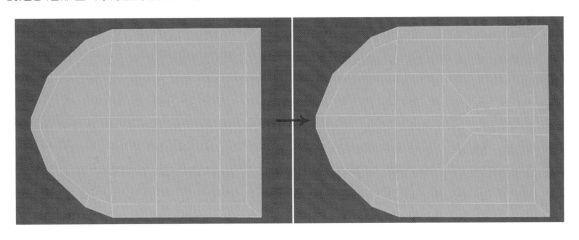

图 4-56

选中模型,通过挤出命令制作厚度,并根据造型特征进行调整,最后创建一个圆柱体模型,调整成木棒的形态,和铲头进行拼接,最终效果如图 4-57 所示。

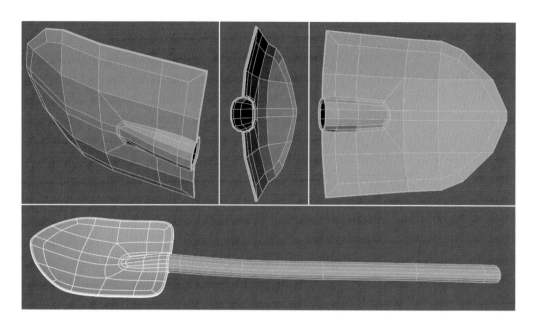

图 4-57

4.5.2 油箱

创建多边形立方体,根据造型特征添加相应的线段并调整外形,使用挤出命令塑造油箱口部造型,效果如图 4-58 所示。

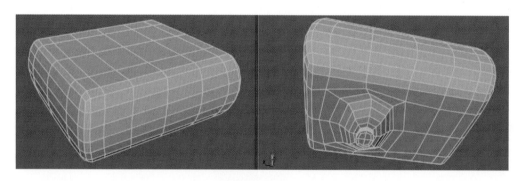

图 4-58

创建一个面片,添加线段并调整造型,使用挤出命令形成厚度,和油箱模型进行拼接,完成效果如图 4-59 所示。

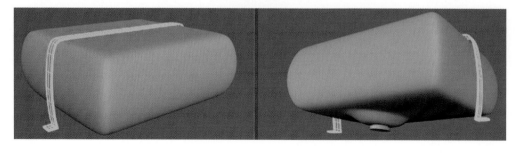

图 4-59

4.5.3　车体装饰件

　　创建多边形面片,在创建历史中调整分段数,在编辑状态下根据形体特征进行造型调整,使用插入循环边命令对结构进行卡线,并挤压出厚度,拼接在车体侧面,如图 4-60 所示。

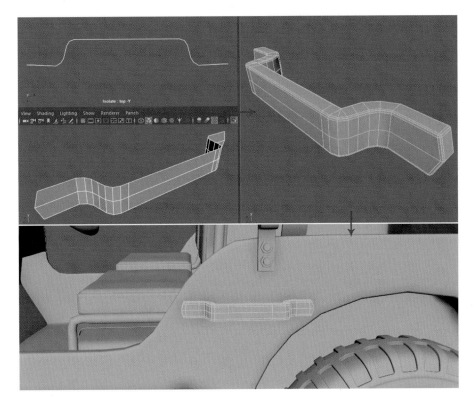

图 4-60

　　对图 4-60 中制作的模型进行复制,根据车体尾部边角转折处的角度,对模型进行结构造型上的调整,完成效果如图 4-61 所示。

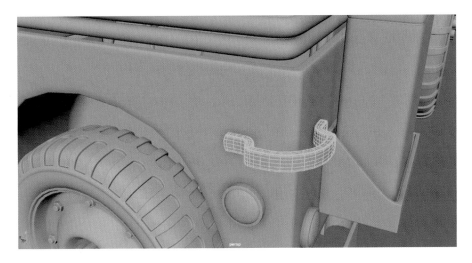

图 4-61

接下来使用 ModIt 脚本插件,在车体和一些配件模型上,添加螺丝模型,丰富整体视觉效果,如图 4-62 所示。

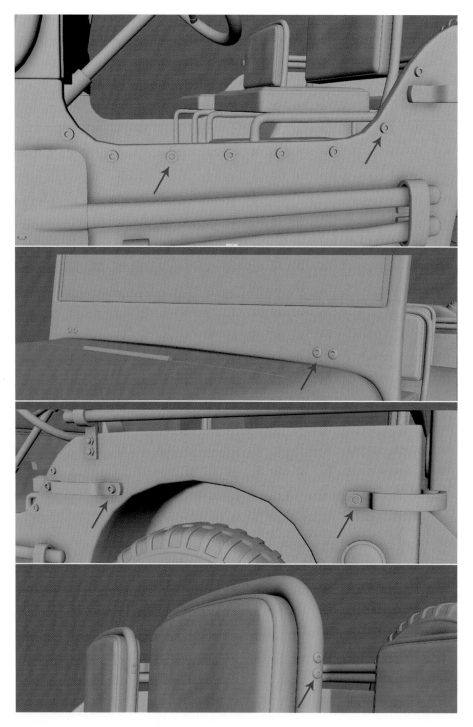

图 4-62

吉普车上有很多重复的模型配件,比如车轮、顶棚支架、车灯等,对于这些可以重复利用的模型,我们需进行复制和摆放。其他一些配件模型,在制作方法上和上述模型类似,这里就不再赘述。最终拼接完成的吉普车模型如图 4-63 所示。

图 4-63

本 章 小 结

本章通过威利斯吉普车模型的制作，让我们更加熟练地掌握不同形体结构的模型的塑造方法和技巧，拥有对模型细节塑造的能力。ModIt 脚本插件的运用，可以提高制作的效率，丰富整体上的视觉表现。对于较复杂的模型，先通过面片塑造形体特征和比例结构，再细化结构的方法，是比较常用的表现手段，它符合先整体再局部的美术表现形式，希望这个案例对提高大家的建模能力有所帮助。

参考文献
References

[1] 陈建强. 数字建模艺术[M]. 北京:科学出版社,2018.

[2] 聂春辉,朱苏宁. 电影机械模型制作[M]. 北京:北京联合出版社,2015.